福建省生产建设项目弃渣场安全管控技术

主 编 苏 燕 徐 普 黄俊鹏

副主编 谢秀栋 罗寿泰 徐玉华 刘庆春

中国水利水电出版社
www.waterpub.com.cn
·北京·

内 容 提 要

本书针对福建省区域的地形地貌、水文特点，结合目前工程建设项目弃渣场存在的不足，在弃渣场的致灾因子、设计、安全防护规定及防护体系、安全管理技术、智慧管理平台、工程案例等方面进行了探讨分析，并提出相应的技术措施。

本书可供工程建设项目弃渣场的设计、施工与管理人员借鉴参考，亦可作为大专院校相关专业师生学习参考。

图书在版编目（CIP）数据

福建省生产建设项目弃渣场安全管控技术 / 苏燕，徐普，黄俊鹏主编. -- 北京 : 中国水利水电出版社，2021.12
ISBN 978-7-5226-0390-2

Ⅰ. ①福… Ⅱ. ①苏… ②徐… ③黄… Ⅲ. ①工程建设项目－垃圾处理－福建 Ⅳ. ①X705

中国版本图书馆CIP数据核字(2022)第010708号

书　名	福建省生产建设项目弃渣场安全管控技术 FUJIAN SHENG SHENGCHAN JIANSHE XIANGMU QIZHA CHANG ANQUAN GUANKONG JISHU
作　者	主编　苏燕　徐普　黄俊鹏 副主编　谢秀栋　罗寿泰　徐玉华　刘庆春
出版发行	中国水利水电出版社 （北京市海淀区玉渊潭南路 1 号 D 座　100038） 网址：www. waterpub. com. cn E-mail：sales@waterpub. com. cn 电话：（010）68367658（营销中心）
经　售	北京科水图书销售中心（零售） 电话：（010）88383994、63202643、68545874 全国各地新华书店和相关出版物销售网点
排　版	中国水利水电出版社微机排版中心
印　刷	北京中献拓方科技发展有限公司
规　格	170mm×240mm　16 开本　10.5 印张　183 千字
版　次	2021 年 12 月第 1 版　2021 年 12 月第 1 次印刷
定　价	**72.00** 元

前　言

福建省地貌上属于中国东南沿海低山、丘陵区，地势西北高、东南低，境内山岭耸立、低丘起伏、河谷和盆地错综其间，地形区域性差异较大。年降水量从西北山区向东南沿海递减，降水量年内分配极不均匀。

现行弃渣场的规范条例很多，但都属于水土保持条例中的一部分，没有具体单独的技术手册可供专业技术人员参考，在弃渣场选址、设计、后期运营维护方面仍然存在着一些隐患和不足。

本书采用实地调研、理论分析等方式对建设项目弃渣场的致灾因子、设计理论与方法、管理技术、平台设计、实例分析等内容进行研究探讨，提出一些防护措施和管理办法，以减少弃渣场失稳破坏及次生灾害，达到节能环保，安全可控目标。期望能为福建省生产建设项目弃渣场的规划、设计、施工和管理提供参考。

本书由苏燕、徐普、黄俊鹏主编，谢秀栋、罗寿泰、徐玉华、刘庆春为副主编。本书共分 7 章，第 1 章由苏燕、徐普、杜志新编写，第 2 章由苏燕、郑锐、李根斌编写，第 3 章由苏燕、徐普、杨凌鋆编写，第 4 章由苏燕、罗寿泰、黄俊鹏、黄绍翔编写，第 5 章由苏燕、刘庆春、徐玉华、张万清编写，第 6 章由苏燕、谢秀栋、邱文杰、陈池威编写，第 7 章由谢秀栋、王巧艺、黄月真、黄蓝青编写。

在本书的编写过程中，得到了福建省水土保持工作站、福州大学土木工程学院、福建路港（集团）有限公司等单位的关怀与支持，还得到了福州大学2019年研究生教育教学改革研究项目的支持，在此表示深切的谢意。

由于笔者理论水平与实践经验有限，书中难免有欠缺、不妥甚至错误之处，恳请各位专家、学者和广大读者批评指正。

作者

2021年2月于福州

目　录

第1章　概　　述

1.1　基本概念

1.1.1　生产建设项目

生产建设项目是指所有以固定资产投资方式进行的生产建设活动，包括国有经济、城乡集体经济、股份制、联港澳台投资、外资、联营、个体经济和其他各种不同经济类型旳生产建设活动。它的类型一般按照三大标准来划分，分别是按照生产建设项目的建设和生产运营情况、布局跨度情况以及行业特点和生产性质来分类。

（1）按建设和生产运营情况进行分类。建设类项目，指的是基本建设竣工后，在运营期基本没有开挖、取土（石、料）和弃土（石、渣）等生产活动的公路、港口、码头、机场、铁路、水工程、水电站、核电站、通信工程、输变电工程、管道工程、物探工程以及城镇新区等生产建设项目。

建设生产类项目，指的是基本建设竣工后，在运营期依旧存在开挖地表、取土（石、料）和弃土（石、渣）等生产活动的建材、石油天然气的开采和冶炼、燃煤电站、矿产等生产建设项目。

（2）根据生产建设项目的布局跨度情况进行分类。线型生产建设项目是指项目布局跨度较大，呈线状分布的公路、输电线路、管道、铁路和渠道等生产建设项目；点型生产建设项目是指项目布局相对比较集中，呈点状分布的水利枢纽、电厂和矿山等生产建设项目。

（3）按照生产建设项目的行业特点和生产性质进行分类。我国的生产建设项目主要分为公路工程、铁路工程、渠道和堤防工程、输变电工程、电力（火电、风电、核电）工程、水利水电类、管线（水、油、气）工程、井采矿工程、露天矿工程、城镇建设类工程、农林生产类工程和冶金化工类工程。

1.1.2　弃渣场

生产建设项目弃渣场是专门用于堆放生产建设项目施工期和生产运营期中不能利用的开挖土石方、拆除混凝土或其他固体废弃物质的场地，统称为“弃渣场”，而不同工程类型的弃渣场有其特殊的叫法，如图1-1所示。

弃渣场大多是在水利工程、道路建设等基础建设项目和工矿企业中产生的。由于水利工程施工建设的土石方工程十分巨大，而且其挖方量远大于填方量，即使进行调配平衡，也会经常产生弃渣，将弃渣堆积放置，进而形成弃渣场。选矿厂产生的尾矿由于数量大，含有暂时不能处理的有用或有害成分，随意排放，将会造成资源流失，大面积覆没农田或淤塞河道，污染环境，因此对其进行筑坝堆存形成尾矿库。

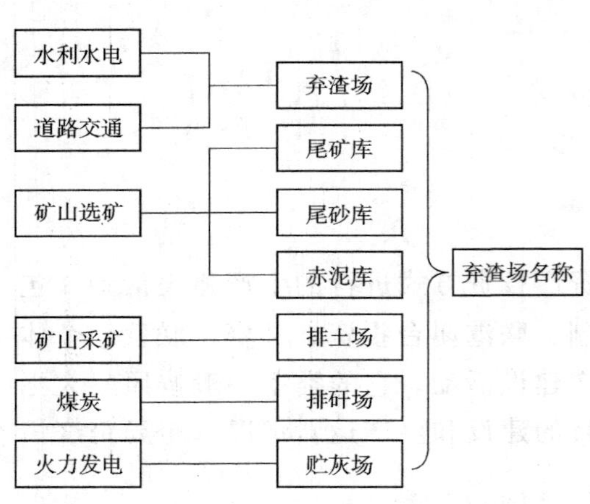

图1-1　不同工程中弃渣场的名称

在生产建设项目中通常根据弃渣场物质组成、原地貌类型、上游有无汇水面积进行类型划分，并以堆放方式作为主要依据评价弃土弃渣堆积体的土壤侵蚀特征和稳定性。按弃土弃渣物质组成成分可以分为三类：①石质；②土质；③土石混合物。根据工程或区段的弃渣量，结合附近的地形地貌特点，常见弃渣方式可分五大类：①沟道弃渣；②坡面弃渣；③填洼（塘）弃渣；④平地弃渣；⑤河滩地弃渣。不同工程类型由于其特殊的地形环境，有些许特殊的分类，例如，水利水电工程的库区型弃渣场，堆放在未建成水库库区内。弃渣场按上方有无汇水面积可分为两类：①平地堆弃无汇水型；②坡面堆弃有汇水型。生产建设项目弃渣场分类信息见表1-1。

表1-1　　生产建设项目弃渣场分类信息

弃渣场分类		弃渣场特征	主要侵蚀动力	水土流失特征
按弃土弃渣物质组成	石质	散乱堆放为主，堆高为7～16m，岩质边坡大于30°，边坡比大于1∶2.5，碎石块石多	渣体自重	渣顶崩塌，边坡块石失稳滑坡

续表

弃渣场分类		弃渣场特征	主要侵蚀动力	水土流失特征
按弃土弃渣物质组成	土质	分层碾压堆弃为主，边坡约等于土质安息角，边坡比小于1∶1.5，松散易失稳	降雨及坡面径流渣体自重	砂砾化面蚀，边坡细沟侵蚀，渣顶塌陷，边缘裂缝宽为0～15cm
	土石混合	依坡倾倒为主，来源于大型开挖工程，边坡为30°～65°，边坡比为1∶1.5～1∶2.5，土石级配差	降雨及坡面径流渣体自重	不均匀沉降，风化现象，细沟侵蚀
按弃土弃渣堆放原地貌	沟道	依坡倾倒为主，边坡大于弃渣场安息角，松散易失稳，邻近水系	降雨及坡面径流渣体自重	砂砾化面蚀，边坡浅沟侵蚀，浅沟长为4～30m
	坡面	依坡倾倒为主，渣体厚度小于6m，与地面明显分隔面	降雨及坡面径流渣体自重	诱发性滑坡，潜移侵蚀，边坡浅沟侵蚀
	填洼（塘）	散乱堆放为主，堆高为5～10m，边坡约等于渣体安息角，土质弃渣为主	降雨及坡面径流渣体自重	砂砾化面蚀，土砂泻溜，不均匀沉降
	平地	分层碾压坡顶散乱堆弃为主，陡而松散，堆高为14～30m	降雨及坡面径流渣体自重	不均匀沉降，高差为1～2m，渣顶陷穴、裂缝，边坡浅沟侵蚀
	滩涂	依坡倾倒为主，边坡大于弃渣场安息角，下垫面含水量高	降雨及坡面径流渣体自重	切沟侵蚀，砂砾化面蚀，边坡泻溜
按上方有无汇水面积	平地堆弃无汇水型	散乱堆放为主，边坡约等于渣体安息角，边坡比为1∶1～1∶1.5，堆高一般小于10m	降雨渣体自重	不均匀沉降，坡面溅蚀、边坡细沟侵蚀，裂缝
	坡面堆弃有汇水型	依坡倾倒，陡而松散，边坡30°～65°，边坡比为1∶1～1∶2.5，土石级配差，有明显分隔面	坡面径流渣体自重	诱发性滑坡，砂土液化，边坡切沟侵蚀，侵蚀沟深为5～10cm，宽为3～10cm

1.1.3 弃渣场的水土流失与水土保持

水土流失指的是土壤及其他地表组成物质在水力、风力、冻融和重力等作用下被破坏、剥蚀、转运和沉积的过程。在自然状态下，纯粹由自然因素引起的地表侵蚀过程非常缓慢，常与土壤形成过程处于相对平衡的状态，因此坡地还能保持完整，这种侵蚀称为自然侵蚀，也称为地质侵蚀。在人类活动的影响下，特别是人类严重地破坏了坡地植被后，由自然因素引起的地表土壤破坏和土地物质的移动，流失过程加速，即发生水土流失。

生产建设项目弃渣场的弃渣采取自然堆积的方式，没有经过碾压处理，这导致弃渣以一种松散的结构直接裸露堆积在弃渣场，并且会形成一些边际坡，如果受到外力的作用，比如风蚀、雨水冲击等，这就会使其极易发生坡体滑落等水土流失现象，给周围的环境带来严重的影响，加之弃渣量大，所以其破坏力十分惊人。

水土保持是指对自然因素和人为活动造成的水土流失采取的预防和治理措施，亦是保护、改良和合理利用水土资源，维护和提高土地生产力，以利于充分发挥水土资源的生态效益、经济效益和社会效益，建立良好生态环境的事业。

弃渣场水土保持的目标就是弃渣安全稳定与恢复弃渣土壤结构，主要通过工程措施和植物措施实现。工程措施坚持“预防为主、防治结合、先拦后弃”的原则，主要包括拦渣工程、斜坡防护工程、土地整治工程、防洪排导工程等；植物措施坚持工程措施和植物措施相结合，永久措施和临时措施相结合的治理原则，弃渣场植物措施既要体现良好的水土保持性能，同时还要具有美化环境的功能，为主体工程服务。通过恢复植被，使弃渣场景观得到明显的改善。

1.2 福建省地域特征

因地制宜地对弃渣场进行设计与管控，减小其对周边生态环境的影响是生产建设项目水土保持的核心内容。应从地域环境特征出发，分析福建省生产建设项目弃渣场特点与现状。通过查阅资料、考察，归纳总结了福建省地形地质特点以及降水、径流、暴雨洪水等水文特性。

1.2.1 地形地质

福建省地貌上属于中国东南沿海低山、丘陵区，全省地势西北高、东南低。境内山岭耸立、低丘起伏、河谷和盆地错综其间，沿海港湾、岛屿众多，地形区域性差异较大。福建省内西北部是以武夷山脉为主体的闽西大山带，主峰黄岗山，海拔为2157.7m；中部是由鹫峰山、戴云山、博平岭等山脉组成的闽中隆起大山带，其间多为互不贯通的河谷、盆地；东部沿海为丘陵、平原地带。

福建省山地、丘陵面积约106244km^2，占总面积的87.53%，平原、台地面积约15136km^2，仅占12.47%左右。其中，中山（海拔高度为1000m$\leqslant H<$2157.7m）面积约9845km^2，约占全省陆域面积的8.1%；低山（500m$\leqslant H<$1000m）面积约34005km^2，约占陆域面积的28%；丘陵（60m$\leqslant H<$500m）面积66877.5km^2，约占陆域面积的55.1%；平原（$H<$20m）与台地（20m$\leqslant H<$60m）面积9472.5km^2，约占陆域面积的7.8%；省内的海岸线曲折，曲线长度达323.6km，形成了众多的深水港湾；沿海岛屿星罗棋布，大小岛屿1404个，面积为1200km^2，约占陆域面积的1%。

福建省在大地构造上处于欧亚大陆板块东南缘，濒临太平洋板块，为环太平洋新生代巨型构造岩浆活动最活跃的地区之一，区内地质构造复杂，岩浆活动频繁，火山岩、侵入岩广泛出露，位于新华夏系巨型构造体系的第二隆起带内，同时又是著名的南岭纬相构造体系横亘的东端，这两个构造体系构成境内最为强大和活跃的构造。区内表层构造以脆性—韧性断裂及推覆、滑脱构造为主，尤以脆性断裂极其发育，其中又以北东及北西向的断裂最为醒目，各断代地层、岩石的分布明显受构造（断裂）控制，新构造运动强烈。各种构造软弱结构面（如断层面、节理面、层面、错动面、片理面以及不同程度的卸荷面与软弱夹层）控制了滑动面的空间位置与滑坡周界。当岩土体结构面倾向和斜坡坡面倾向一致时，容易形成滑坡；当斜坡坡角大于结构面倾角时，更易发生滑坡。地质构造控制着山体斜坡地下水分布和运动规律。地质构造破坏了岩土体的完整性，沿着构造带地下水径流强烈，岩体风化强烈，节理发育，从而使岩体内的软弱部位有利于滑坡产生。

构成中山的岩石中武夷山脉多为沉积岩和变质岩、鹫峰山—玳瑁山与戴云山—博平岭多为火山岩和侵入岩；构成低山、丘陵的岩石多为沉积岩、变质岩、火山岩、侵入岩；红土台地多由花岗岩风化残积土构成；平原与山间盆地则由第四系松散堆积物组成。

1.2.2 水文特征

1.2.2.1 降水

福建省降水受地理位置、地形和气候条件，及太平洋暖湿气流的输入的影响由季风环流造成西风槽内的短波槽脊和副热带高压两者的进退所决定。年内有干湿季节，一般3—9月为湿季，降水量占全年的70%～80%，其余月份为干季。4—6月多为锋面雨和热雷雨，7—9月为台风雨。

福建省各地年降水量在1000～2200mm之间，从西北山区向东南沿海递减，降水量年内分配极不均匀。每年3—6月为锋面雨季，降水笼罩面广，雨期长，雨量集中，内陆降水占年降水60%，沿海降水占50%；7—9月台风雨季，雨强大，雨势猛，雨区大小不定，面上雨量相差悬殊，内陆占年降水20%，沿海占35%。逐年各月降水量，以7月差别最大，如果锋面雨结束和台风雨到来都在7月份，降水量就大，否则降水量就小，年降水量多年变化不大。

1.2.2.2 径流

福建省各江河径流量都较丰富，多年平均径流深在500～1500mm之间。大致可分为两个水文带：丰水带（多年平均径流深大于1000mm）和多水带（多年平均径流深300～1000mm），面上分布的趋势从东南向西北递增，基本上与年降水量分布相应。闽北的崇安—光泽、闽东的柘荣—寿宁—周宁和闽西南的龙岩—漳平—华安二县交界处，以及闽中的德化多年平均径流深都在1200mm以上，东南沿海地区在500～600mm之间。地区间差异较大，地势较高的山地比平地径流深要大。

福建省年径流系数分布，除闽东暴雨区和九龙江西溪龙山以上，闽江下游溪源溪的局部地区大于0.70，滨海平原低于0.45，闽中盆地河谷地带在0.55以下，全省大致在0.45～0.75之间，与多年平均年径流深等值线分布一致。年径流变差系数大致在0.25～0.36之间。年径流量的年内分配，随着福建省季风性气候变化及降水类型的不同，径流量的分配是不均匀的，和年降水量年内分配很相似，多年平均汛期径流量占年径流量的75%～80%。

福建省地下水量较为丰富，多年平均地下水补给模数为24.9万m^3/km^2，内陆山丘区可达20万～30万m^3/km^2，沿海地区只有9万～15万m^3/km^2。

高、低值区基本上与降水和地表径流一致，高值区出现在武夷山脉、博平山脉和戴云山脉，其模数为 30 万～35 万 m^3/km^2；低值区出现在沿海低丘平原区，模数多在 9 万～15 万 m^3/km^2。

1.2.2.3 暴雨洪水

福建省暴雨受季节和地势的影响比较明显。汛期 4—6 月季风输入太平洋的暖湿气流，常与北方南下冷气流逾越武夷大山带后交绥形成量大、时长、面广的锋面雨。雨区多在闽江流域的上游和闽西地区诸河，其 24h 最大暴雨量一般 200～400mm；7—9 月多台风暴雨，热带风暴随其发生发展，携带大量水汽常骤降暴雨。雨区在沿海各河流，其 24h 最大暴雨量一般为 300～500mm。

暴雨导致了江河洪水，有锋面雨型和台风雨型洪水。锋面雨型洪水主要在 5—6 月由锋面暴雨造成，多发生于闽江流域和闽西地区各江河，而其他流域相对较少。闽江的洪水峰高量大，多呈复峰型。台风雨型洪水大部分出现在 6—9 月，由西太平洋菲律宾海域和我国南海洋面的热带风暴，旋转、推移、加深发展成台风，常挟带大量水汽，北上或向西北方向行进，影响或登陆闽东、闽南沿海地区，受地形影响骤降暴雨而形成洪水。福建省地形地貌十分复杂，致使暴雨洪水在地区上的分布差异很大，从历史洪水资料看，还没有出现过全省性的大洪水以及跨流域的大洪水。

汛期常发生连续的强降雨，大量地表水下渗补给地下水，对岩土体进行潜蚀作用及浸润软化作用，改变了滑体内的渗流场，岩土体的静水压力和动水压力增大，容重增加，抗剪强度降低，下滑力增大，从而诱发产生滑坡。暴雨带来的洪水对坡脚冲刷加剧，且使地下水位提高，河水暴落时地下水位下降，使地下水潜蚀作用明显增强，并产生较大的动水压力，促使滑坡的产生和发展。

1.3 相关法律法规

生产建设项目弃渣场设置不当不仅有水土流失的危害，同时有很大的安全隐患，深圳光明新区“12·20”滑坡事故引起人们对弃渣场设置的重视。生产建设项目弃渣场的设置应当遵守法律法规对水土流失防治和水土保持设计的要求，同时也应按照相关技术规范的规定，进行合理设计。

1.3.1 法律法规与部委规章

法律法规中对生产项目建设弃渣场的设置有明确规定，《中华人民共和国水土保持法》第二十八条规定：依法应当编制水土保持方案的生产建设项目，其生产建设活动中排弃的砂、石、土、矸石、尾矿、废渣等应当综合利用；不能综合利用，确需废弃的，应当堆放在水土保持方案确定的专门存放地，并采取措施保证不产生新的危害。法律规定的内容有三个方面：一是多余的土石方首先应综合利用，尽最大可能充分利用，尽可能不弃渣或少弃渣。不能在没有考虑和落实综合利用的情况下，直接将多余土石方作为弃渣处置。二是经过综合利用，仍有部分土石方难以利用的，必须堆放在水土保持方案确定的专门存放地。涉及弃渣的项目必须明确每个弃渣存放地，该存放地是依法做出的行政许可，具有法律强制力。三是必须采取相应的防护措施，保证弃渣不流失、不对下游和周边产生危害。

水利部于2016年印发的《水利部生产建设项目水土保持方案变更管理规定（试行）》规定在水土保持方案确定的弃渣场以外新设弃渣场的，或需要提高弃渣场堆渣量达到20%以上的，生产建设单位应当在弃渣前编制水土保持方案报告书；当弃渣场堆渣超过50万m^3，或堆高超过20m，应对弃渣场进行安全稳定性评价，大型弃渣场还应对渣体断面进行变形观测。目前，对弃渣场选址合理性分析已经基本形成共识：第一，沟道型弃渣场尽可能布置在沟头，减少弃渣场汇水面积，降低截排洪设施等级；第二，涉及河道的，应符合治导规划及防洪行洪规定，不得在河道、湖泊管理范围内设置弃土（石、渣）场；第三，禁止在对重要基础设施、人民群众生命财产安全及行洪安全有重大影响的区域布设弃渣场；第四，不宜布设在流量较大的沟道，否则应进行防洪论证。

1.3.2 技术规程规范和技术资料

《开发建设项目水土保持技术规范》（GB 50433）关于弃渣场设置有相应规定，其中三条是强制性规定：一是弃渣场的设置不得影响周边公共设施、工业企业、居民点等的安全；二是涉及河道的，应符合治导规划及防洪行洪的规定，不得在河道、湖泊管理范围内设置弃土（石、渣）场；三是禁止在对重要基础设施、人民群众生命财产安全及行洪安全有重大影响的区域布设弃土（石、渣）场。另外，推荐性规定也明确：弃渣场不宜布设在流量较大的沟道，否则应进行防洪论证；水利枢纽、水电站等工程，弃渣场应布设在大坝下游或水库回水区以外。

《水利水电工程水土保持技术规范》（SL 575）是遵循《开发建设项目水土保持技术规范》（GB 50433）的基本原则和要求编制的针对水利水电

工程的技术规范，对内容进行了增加，提出了水土保持工程级别划分及设计标准，包括弃渣场及拦挡工程、斜坡防护工程、防风固沙工程、植被与恢复建设工程等，提出了渣场分类、选址、堆置、安全防护距离、防护措施布置的规定，明确弃渣场稳定分析和计算的要求。

《水土保持工程设计规范》（GB 51018）全面总结工程设计经验，对水土保持设计进行统一规范，该规范用于水土流失综合治理工程中的梯田、拦沙坝、塘坝、沟道滩岸防护、小型蓄水工程、林草工程、封育工程等，以及生产建设项目中的弃渣拦挡工程、土地整治、截排水、小型蓄水工程、防风固沙、植被恢复与建设工程设计。其中弃渣拦挡工程规范要求弃渣场设计应坚持安全可靠、经济合理的原则；弃渣场堆置应根据渣场地形地质条件、弃渣岩土组成及物理力学参数等确定堆置要素，并应满足渣场整体稳定，且不影响河（沟）道行洪安全的要求；应根据弃渣场位置、类型及堆置情况，进行弃渣拦挡、防洪排洪等设计。规范还对弃渣场设计、拦挡工程设计、截排洪设计进行了详细规定。

参考文献

[1]　黄丽婧．江苏省生产建设项目水土保持措施研究［D］．南京农业大学，2013.

第2章　弃渣场致灾因子分析及风险度评价

近几十年来由于风险管控的失效，全球范围内发生了许多弃渣场引起的灾害，一般固体废弃物堆存诱发的次生灾害不在少数，如图2-1～图2-4所示，侵占水池、河道，影响生态环境，更有甚者发生整体失稳事故，如泥石流、尾矿库溃坝、排土场滑坡等事故，不仅破坏了生态环境，更对人民生命财产安全造成了严重威胁，弃渣场作为一种人造危险源，需要在生产生活建设中引起重视。

图2-1　弃渣侵占水池

图2-2　弃渣侵占河道

图2-3　弃渣侵占林地破坏生态

图2-4　弃渣无序排放

2.1 弃渣场事故案例调研

2.1.1 弃渣场事故案例分析

1. 案例来源

通过调研文献资料、著作、互联网、报纸、事故调查报告、福建省水保站水土保持等相关资料，搜集整理了近几十年国内外弃渣场事故案例(共100例)，见表2-1。

数据主要包括弃渣场事故发生的时间、弃渣场类型、事故地点以及事故原因。其中典型案例菲律宾奎松市弃渣场滑坡和深圳市光明新区建筑弃渣场滑坡分别如图2-5、图2-6所示。

图2-5 菲律宾奎松市弃渣场滑坡

图2-6 深圳市光明新区建筑弃渣场滑坡

表2-1 弃渣场事故案例表

事故时间/(年-月)	所属类型	事故地点	事故原因
1928-06	尾矿库	智利巴拉哈纳铜矿尾矿坝	地震作用→堆积坝体液化滑动
1962-08	尾矿库	云南锡业公司火谷都尾矿库	洪水漫顶、坝体滑坡→垮坝→泥石流
1965-10	尾矿库	智利 El Cobre 尾矿坝	地震作用
1966-08	排土场	兰尖两同洞口排土场	降雨、地基坡度过陡

续表

事故时间/（年-月）	所属类型	事故地点	事故原因
1968-12	排土场	加拿大 Natal 城一露天矿排土场	附近雨水、积雪、周边爆破震动
1972-11	排土场	云浮硫铁矿排土场	台风、暴雨
1973-08	排土场	海南铁矿排土场	发生滑坡后经过雨水或沟流水的冲刷
1973-09	排土场	海南铁矿 8 号排土场	沿地基接触面滑坡、降雨
1978-08	排土场	兰尖铁矿排土场 1510m 东侧	人工层理弱面、降雨、地形陡峭
1979-03	排土场	金堆城相矿排土场	降雨、地下水、地基变形
1979-12	排土场	尖山第七排土 1510m 排土台阶	坡度陡、表土和风化岩形成软弱夹层
1980-01	贮灰场	贵阳电厂贮灰场	管理不善、施工质量差、擅自改变设计
1980-06	排土场	永平铜矿南部排土场	堆弃物料岩土特性、降雨
1981-07	排土场	朱家包包铁矿万家沟排土场	沿地基软岩滑坡，地基鼓起，降雨
1981-08	排土场	永平铜矿南部 310m 水平排土场	暴雨
1982-07	排土场	兰山肖家湾排土场	人工层理软弱面、降雨、排弃强度过大、滑体上继续集中加载
1982-12	贮灰场	江西省乐平电厂	管理不善、施工质量差、擅自改变设计
1983-03	排土场	朱家包包铁矿万家沟排土场	沿地基软弱面滑坡、地基鼓起
1983-05	排土场	齐山大铁矿排土场	沟底渗水，地表水饱和后产生底鼓和滑动
1983-08	贮灰场	景德镇电厂贮灰场	管理不善、施工质量差、擅自改变设计

续表

事故时间/（年-月）	所属类型	事故地点	事故原因
1984-04	排土场	歪头山铁矿下盘排土场	地基较厚泥，产生底鼓和滑动
1985-04	尾矿库	意大利 Stava 尾矿坝	渗透破坏
1985-05	尾矿库	湖南柿竹园有色矿牛角垄尾矿库	洪水漫顶→垮坝→泥石流
1985-07	排土场	永平铜矿西北部排土场	堆弃物料岩土特性；降雨
1986-07	尾矿库	安徽黄梅山铁矿金山尾矿库	坝体中部滑坡→垮坝→泥石流
1986-09	排土场	歪头山铁矿下盘排土 190 台阶	地形坡度，降雨排土、地基软弱层
1988-07	尾矿库	陕西金堆城钼业公司栗西尾矿库	排洪隧洞塌陷→泄漏
1988-09	尾矿库	陕西栗西沟尾矿库	排洪设施损坏
1990-05	尾矿库	四川省会理县益门炭山沟	地形、暴雨、松散堆积体→泥石流
1991-01	排土场	安太堡露天煤矿南排土场	基底地质条件地下水；排土工艺
1991-06	排土场	歪头山铁矿下盘排土场	沿地基接触面滑坡；地基黏土层和地表植被影响；降雨
1992-07	渣土场	神府东胜煤田	地形、暴雨、松散堆积体→泥石流
1992-08	尾矿库	河南滦川县赤土店钼矿	排洪洞破坏→库区塌陷→泥石流
1993-09	尾矿库	福建潘洛铁矿尾矿库	库区滑坡→垮坝
1994-02	尾矿库	四川锦屏磷矿尾矿库	排水井塌落→尾砂外泄
1994-05	尾矿库	云南永福锡矿尾矿库	坝下挖沙→溃坝→泥石流
1994-06	尾矿库	湖北新冶铜矿尾矿库	洪水漫顶→垮坝→泥石流

续表

事故时间/（年-月）	所属类型	事故地点	事故原因
1994-07	尾矿库	小秦岭金矿区	地形、暴雨、松散堆积体→泥石流
1995-10	尾矿库	圭亚那阿迈金矿尾矿坝	渗透破坏
1998-06	排土场	歪头山铁矿下盘排土 29 号线 188 西站西侧排土场	初期排弃的松散表土抗剪程度及承载能力低，抗滑能力极差，雨水较多
1998-10	尾矿库	西班牙 Los Frailes 尾矿坝	地基强度不足→滑坡
2000-04	尾矿库	美国 Inez 煤矿	溃坝→泥石流
2000-03	尾矿库	罗马尼亚 Baia Mare 金矿	大雨和融雪→溃坝→泥石流
2000-07	尾砂库	广西南丹县大厂镇鸿图选矿厂尾	暴雨诱发
2000-07	渣土场	菲律宾奎松市巴亚达固体废弃物渣土场	台风暴雨诱发
2000-09	尾矿库	广西南丹鸿图选矿厂	渗透流土破坏、坝体滑坡垮坝→泥石流
2002-07	尾矿库	菲律宾 San Marcelino 铜矿	大雨→泥石流
2003-10	尾矿库	智利 Cerro Negro 铜矿	溃坝→泥石流
2004-01	尾矿库	陕西凤县安河铅锌选厂尾矿	库排水管破裂→泄漏
2004-03	尾矿库	陕西华西矿业公司黄村铅锌矿	尾矿库垮坝→泥石流
2004-05	尾矿库	苏联 Partizansk 煤矿	溃坝→泥石流（粉煤灰）
2005-02	渣土场	印度尼西亚万隆市 Leuwigajah 固体废弃物渣土场滑坡	暴雨
2005-07	尾矿库	广西平乐县二塘锰矿	垮坝→泥石流
2005-08	尾矿库	山西临汾市浮山县峰光选矿厂尾矿库	垮坝→泥石流
2005-09	尾矿库	美国密西西比州 Bangs Lake 磷矿	堆积速度过快加上大雨→溃坝→泥石流

续表

事故时间/（年-月）	所属类型	事故地点	事故原因
2005-12	尾砂库	相思谷尾砂坝	漏砂，尾砂成分含有大量S、Fe元素
2006-04	尾矿库	赞比亚Nchanga铜矿	输送管道破裂
2006-05	尾矿库	陕西镇安县黄金矿业公司尾矿库	坝体失稳、垮坝→泥石流
2006-05	尾矿库	陕西省新阳光选矿厂属矿库	下游尾矿坝垮坝→泥石流
2006-06	尾矿库	河北蔡园镇庙岭沟铁矿尾矿库	垮坝→泥石流
2006-08	尾矿库	陕西省太原市娄烦县银岩选矿厂	上游尾矿坝溃坝→泥石流
2006-08	贮灰场	大沙坝灰场	灰水泄漏
2006-09	贮灰场	自备热电厂贮灰场	未使用设计材料
2006-09	贮灰场	美国田纳西州金斯顿火力发电厂粉煤灰池	溃坝、泄漏
2007-09	尾矿库	辽宁海城尾矿库	坝体失稳
2007-11	尾矿库	辽宁省鼎洋矿业有限公司尾矿库	溃坝
2008-08	排土场	尖山铁矿南排土场	下部捡矿掏空坡脚，基底失稳、降雨
2008-08	排土场	山西娄烦县太原钢铁集团尖山铁矿排土场	承载能力差，企业超排；没有实施安全监测，对裂缝没有采取有效措施等
2008-08	尾矿库	山西省临汾市陶寺乡塔山矿区	强降雨，泥石流
2008-09	尾矿库	山西临汾新塔矿业尾矿库	强降雨，泥石流→坝体失稳
2008-09	尾矿库	襄汾县特大尾矿库溃坝事故	强降雨→坝体失稳
2008-09	渣土场	湖北省沪蓉西高速公路夹活岩隧道及扁担垭隧道的两个弃渣场	强降雨→泥石流
2008-09	尾矿库	山西襄汾县陶寺乡塔山矿区	地形、暴雨、松散堆积体→泥石流
2009-05	渣土场	资源县延东乡石区头村	地形、暴雨、松散堆积体→泥石流

续表

事故时间/（年-月）	所属类型	事故地点	事故原因
2009-06	渣土场	宾阳县高峰林场万盘分场林区	地形、暴雨、松散堆积体→泥石流
2010-06	尾矿库	河南干江沟尾矿库	洪水漫顶
2010-07	尾矿库	广东信宜银岩锡矿尾矿库	生产和管理问题
2011-02	排土场	攀枝花米易中禾铁矿一号排土场	地基软岩；地下水
2011-05	渣土场	全州县咸水乡洛江村采石场	地形、暴雨、松散堆积体→泥石流
2011-07	渣土场	韩国江原道春川地区	地形、暴雨、松散堆积体→泥石流
2011-08	尾矿库	日本Kayakari尾矿坝	地震液化
2012-01	渣土场	云南彝良县龙海乡镇河村	地震应力作用
2012-06	渣土场	兰渝铁路赵家湾隧道弃渣场	坍塌
2012-08	尾矿库	新疆阿热勒托别镇卓勒得沟铁矿	地形、暴雨、松散堆积体→泥石流
2012-11	渣土场	府谷县大石板沟	地形、暴雨、松散堆积体→泥石流
2013-07	渣土场	四川石棉熊家沟	地形、暴雨、松散堆积体→泥石流
2014-04	尾矿库	浙江遂昌萤石矿尾矿库	生产和管理问题
2014-06	尾矿库	加拿大Mount Polley金铜矿	坝基失稳
2014-07	渣土场	印度马哈拉施特拉邦浦那市	地形、暴雨、松散堆积体→泥石流
2014-07	渣土场	云南德宏州芒市芒海镇泥石流	地形、暴雨、松散堆积体→泥石流
2014-08	尾砂库	宝山荷叶塘尾矿库	溃坝
2014-08	渣土场	田湾河大发水电站	地形、暴雨、松散堆积体→泥石流
2015-01	尾矿库	巴拿马里亚纳市某铁矿	坝体结构破坏

续表

事故时间/（年-月）	所属类型	事 故 地 点	事 故 原 因
2015-01	渣土场	攀枝花市东区银江镇鼎星钛业有限公司工业弃渣场	垮塌
2015-10	尾矿库	湖南郴州云锡矿业尾矿库	排泄设施损坏
2015-12	渣土场	深圳光明新区渣土受纳场	降雨、渗流
2017-06	赤泥库	河南省三门峡市红旗沟赤泥库	碱液渗漏、环境污染
2018-06	赤泥库	河南省三门峡市大坪沟赤泥库	碱液渗漏、环境污染
2018-07	渣土场	阳朔县兴坪镇大源村委寺背岭村弃渣场	非法作业、二次塌方
2019-03	赤泥库	山西省吕梁市交口县赤泥库	坝面裂缝

2. 案例分析

多年来，一般固体废弃物堆存诱发的次生灾害不在少数。如泥石流、尾矿库溃坝、排土场滑坡等事故，不仅破坏了生态环境，更对人民生命财产安全造成了严重威胁。真实的事故案例可以很好地反映事故发生的原因和规律，对弃渣场事故案例进行搜集、统计和分析，为更好地了解弃渣场灾害的原因并提供现实依据。根据收集的资料，统计出弃渣场边坡失稳事故中所在月份频数分布图及弃渣场事故案例分类统计图如图 2-7、图 2-8 所示。

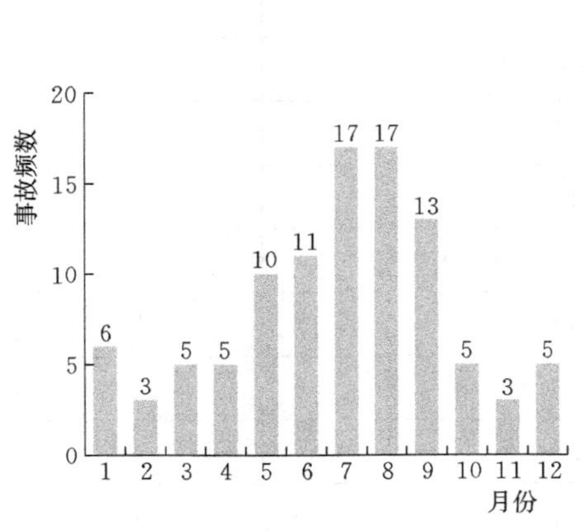

图 2-7 弃渣场事故所在月份频数分布

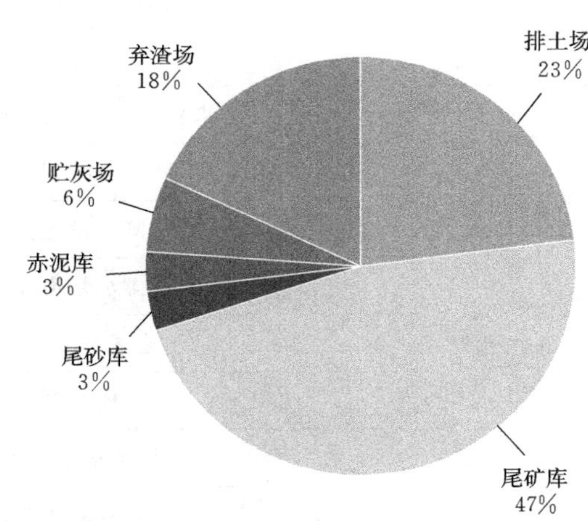

图 2-8 弃渣场事故案例分类统计图

从上述统计分析可以看出：一年中，事故的高发期一般集中在 5—9 月，主要原因是这几个月通常为雨季，降雨特别是强降雨或台风降雨对弃渣场的失事有着极大的影响比重。另外从所能统计的弃渣场失事类型统计图中可得，目前的弃渣场事故主要存在于采矿及金属行业。2013 年环境保护部公布的年报显示，我国重点调查企业的尾矿产生量占一般工业固体废弃物的 34.0%。在庞大产生量中，利用量却很有限，建设了大量尾矿库，在种种原因下发生事故，威胁下游人民生命和财产安全。

2.1.2 弃渣场事故致灾因子

通过对所收集案例的致灾因子进行统计分析可得弃渣场事故诱因分类见表 2-2、弃渣场事故诱因频次图如图 2-9 所示。

表 2-2　　弃渣场事故诱因分类

事故分类	事故诱因名称	事故诱因频数
内在因素	坝身裂缝	3
	坝体失稳	14
	堆体细颗粒过多	13
	堆体含有有害物质	5
	松散度大	11
	级配不良	5
	抗剪、抗滑能力不足	11
	合计	62
外在因素	未对弃渣场实行安全监测	2
	溃坝	12
	监测设施损坏	2
	排水管道损坏	3
	地基不均匀沉降	1
	地基隆起	5
	地基承载力不足	7
	含有软弱夹层	6
	容易形成山洪	1

续表

事故分类	事故诱因名称	事故诱因频数
外在因素	坡脚被掏空	3
	地形适合泥石流发展	28
	冰川融雪	2
	冰雪覆压	1
	地震应力	2
	地震液化	3
	台风	2
	暴风	1
	面流，沟流冲刷	3
	地下水作用	2
	洪水漫顶	5
	管涌作用	1
	渗透流土破坏	6
	强降雨	44
	合计	142
人为因素	决策者擅自修改设计	5
	管理人员指挥失误	3
	现场操作者缺乏相应资质	1
	设计不当或未按设计施工	5
	排放混乱或超排	1
	思想懈怠，不够重视	4
	合计	19

从上述统计的弃渣场失事案例来看，事故发生的原因主要分为弃渣场内在因素、外在环境因素两方面。每次弃渣场事故都与内在因素有着密切的关系，内因包括了弃渣场弃渣成分、物理力学特性及地形地质条件，内因可以说是弃渣场事故产生的前提和基础。外部因素主要是气候因素降

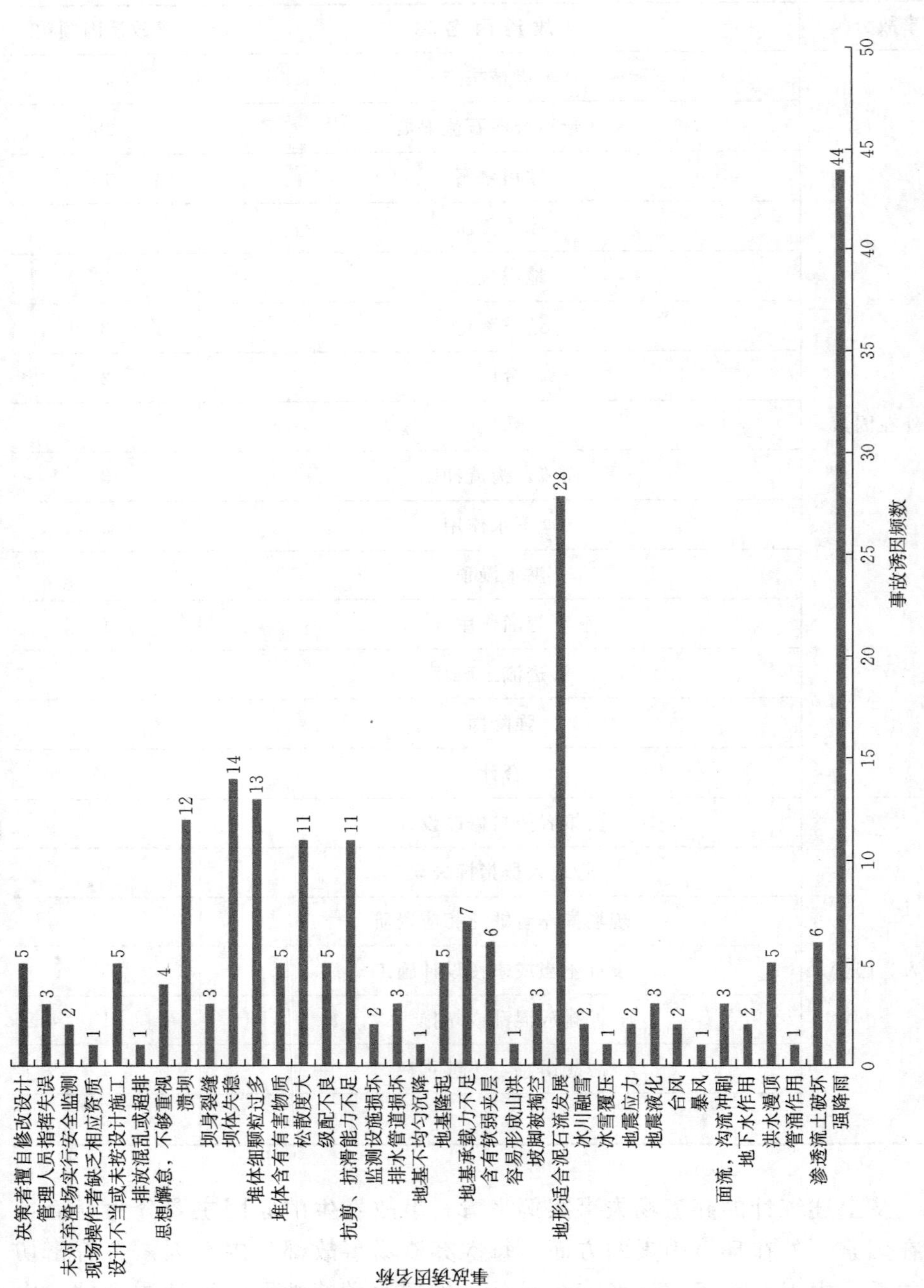

图2－9　弃渣场事故诱因频次图

雨、地下水、施工工艺和乱采乱挖以及人为因素，每次弃渣场事故都有外部因素的作用。其中，降雨因素是导致事故发生的最主要因素，直接作用致灾占比所调查弃渣场事故的27%以上。弃渣场事故诱因频率饼状图如图2-10所示。

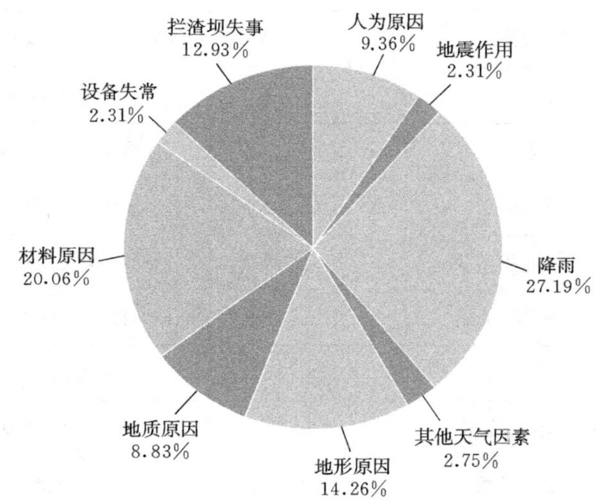

图2-10 弃渣场事故诱因频率饼状图

2.2 弃渣场安全事故树分析

采用事故树方法对弃渣场安全进行定性分析，加强弃渣场决策过程中存在的风险因子识别、预测分析以及安全评价，确定其危险程度，制定切实可行、科学合理的预防和处理措施，对预防水土流失、保护环境及保障人民生命财产安全有着切实的意义。

2.2.1 弃渣场安全事故树层次划分

结合事故案例的调查分析，弃渣场可能发生的风险可以归纳为边坡失稳、水土流失及环境污染三类。采用事故树分析法分析发生以上3种灾害的诱发因素，结合弃渣场的堆排现状，分别以它们发生的可能性进行分析。

对弃渣场事故进行事故树分析，各中间事件和基本事件信息见表2-3，所绘制的事故树如图2-11所示。

表2-3　　中间事件和基本事件信息表

序号	中间事件名称	频率	序号	事件名称	频率
M1	边坡失稳		X4	地基承载力差	0.07
M2	水土流失		X5	设计不当	0.05
M3	环境污染		X6	防护及监测措施不到位	0.02
M4	滑坡		X7	弃渣工艺落后	0.03
M5	坍塌		X8	排水设备损坏	0.03
M6	泥石流		X9	渗透作用	0.03
M7	渣土迁移堆积致灾		X10	浸润线快速变化	0.02
M8	水污染		X11	面流，沟流冲刷	0.05
M9	大气污染		X12	人工坡脚开挖	0.01
M10	原生态环境破坏		X13	缺少防护措施	0.06
M11	致灾性强降雨		X14	降雨入渗	0.44
M12	人为过失		X15	细粒含量过多	0.13
M13	地形地质条件差		X16	级配过宽，松散度大	0.05
M14	渣土性质差		X17	易发泥石流的地形条件	0.28
M15	内在机理因素		X18	河流搬运作用	0.03
M16	外部因素影响	—	X19	地势落差大	0.12
M17	地形影响	—	X20	堵塞河流，抬升河床	0.02
M18	地质条件不良	—	X21	渣土含有大量有害物质	0.05
M19	河流污染	—	X22	靠近河流	0.03
M20	地下水污染	—	X23	大风	0.02
X1	渣土级配差	0.30	X24	破坏原始植被及生物生存环境	0.01
X2	抗剪抗滑能力差	0.11			
X3	含有软弱夹层	0.06	X25	超弃或人为覆压	0.02

T
M1
M4
M15
M14
X1
X2
M18
X3
X4
M16
M11
X9
X10
X11
M12
X5
X6
X7
X8
X25
M5
X12
X13
X14
M2
M6
M15
M14
X15
X16
M13
X4
X17
M13
M11
X11
X9
M12
X5
X6
X7
X8
M7
X18
X19
X20
M3
M8
M19
X21
X22
M20
X21
X14
M9
X15
X23
X6
M10
X5
X24

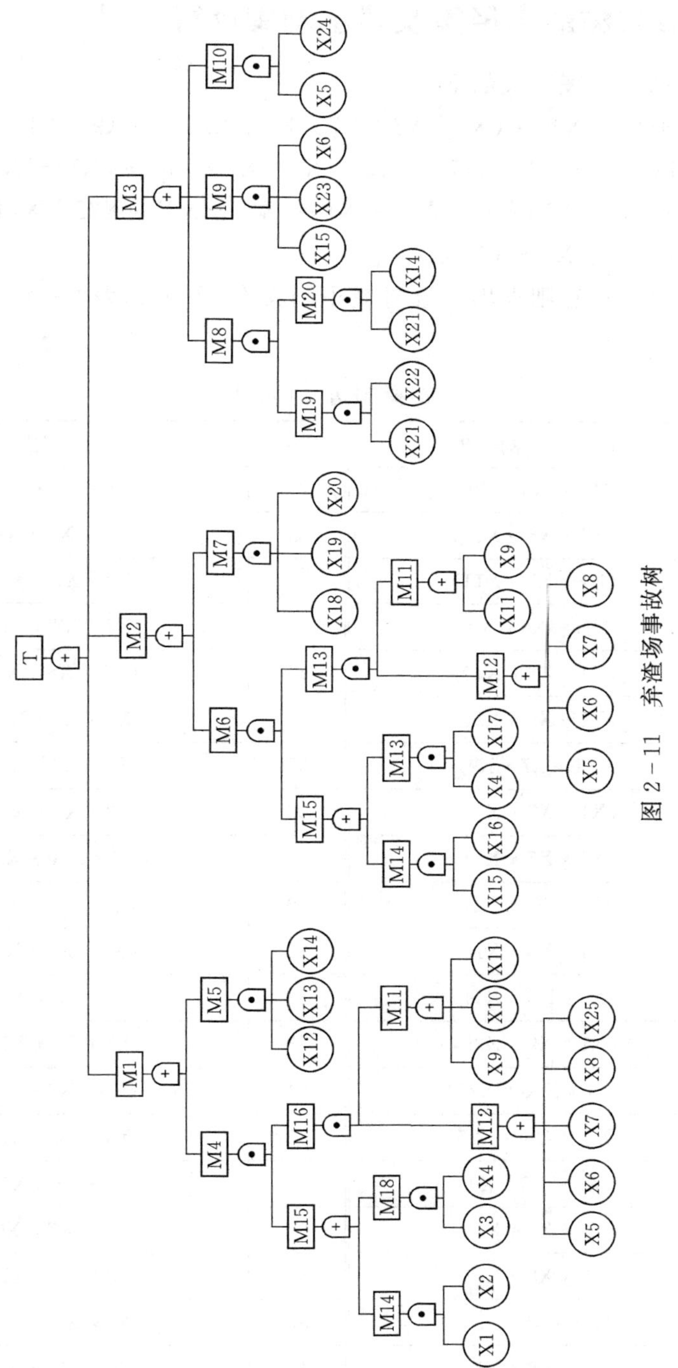

图 2-11 弃渣场事故树

2.2.2　事故树最小径集及最小割集计算

事故树的布尔表达式如下：

(X1 * X2＋X3 * X4) * (X5＋X6＋X7＋X8＋X25) * (X9＋X10＋X11)
＋(X15 * X16＋X4 * X17) * (X5＋X6＋X7＋X8) * (X11＋X9)
＋X12 * X13 * X14＋…＋X18 * X19 * X20＋X21 * X22 * X14 * X21
＋X15 * X23 * X6＋X5 * X24　　(2－1)

利用布尔运算法则求出事故树最小割集有 74 个见表 2－4，最小径集有 216 个见表 2－5。

表 2－4　　事故树最小割集表

序号	最　小　割　集	序号	最　小　割　集
1	(X1 * X5 * X9)	21	(X2 * X6 * X11)
2	(X1 * X5 * X10)	22	(X2 * X7 * X9)
3	(X1 * X5 * X11)	23	(X2 * X7 * X10)
4	(X1 * X6 * X9)	24	(X2 * X7 * X11)
5	(X1 * X6 * X10)	25	(X2 * X8 * X9)
6	(X1 * X6 * X11)	26	(X2 * X8 * X10)
7	(X1 * X7 * X9)	27	(X2 * X8 * X11)
8	(X1 * X7 * X10)	28	(X2 * X9 * X25)
9	(X1 * X7 * X11)	29	(X2 * X10 * X25)
10	(X1 * X8 * X9)	30	(X2 * X11 * X25)
11	(X1 * X8 * X10)	31	(X3 * X5 * X9)
12	(X1 * X8 * X11)	32	(X3 * X5 * X10)
13	(X1 * X9 * X25)	33	(X3 * X5 * X11)
14	(X1 * X10 * X25)	34	(X3 * X6 * X9)
15	(X1 * X11 * X25)	35	(X3 * X6 * X10)
16	(X2 * X5 * X9)	36	(X3 * X6 * X11)
17	(X2 * X5 * X10)	37	(X3 * X7 * X9)
18	(X2 * X5 * X11)	38	(X3 * X7 * X10)
19	(X2 * X6 * X9)	39	(X3 * X7 * X11)
20	(X2 * X6 * X10)	40	(X3 * X8 * X9)

续表

序号	最 小 割 集	序号	最 小 割 集
41	(X3 * X8 * X10)	58	(X4 * X9 * X25)
42	(X3 * X8 * X11)	59	(X4 * X10 * X25)
43	(X3 * X9 * X25)	60	(X4 * X11 * X25)
44	(X3 * X10 * X25)	61	(X5 * X9 * X15 * X16)
45	(X3 * X11 * X25)	62	(X5 * X11 * X15 * X16)
46	(X4 * X5 * X9)	63	(X5 * X24)
47	(X4 * X5 * X10)	64	(X6 * X9 * X15 * X16)
48	(X4 * X5 * X11)	65	(X6 * X11 * X15 * X16)
49	(X4 * X6 * X9)	66	(X6 * X15 * X23)
50	(X4 * X6 * X10)	67	(X7 * X9 * X15 * X16)
51	(X4 * X6 * X11)	68	(X7 * X11 * X15 * X16)
52	(X4 * X7 * X9)	69	(X8 * X9 * X15 * X16)
53	(X4 * X7 * X10)	70	(X8 * X11 * X15 * X16)
54	(X4 * X7 * X11)	71	(X12 * X13 * X14)
55	(X4 * X8 * X9)	72	(X14 * X21)
56	(X4 * X8 * X10)	73	(X18 * X19 * X20)
57	(X4 * X8 * X11)	74	(X21 * X22)

表 2-5　　事故树最小径集表

序号	最 小 径 集
1	(X1 * X2 * X3 * X4 * X5 * X6 * X7 * X8 * X12 * X18 * X21)
2	(X1 * X2 * X3 * X4 * X5 * X6 * X7 * X8 * X12 * X19 * X21)
3	(X1 * X2 * X3 * X4 * X5 * X6 * X7 * X8 * X12 * X20 * X21)
4	(X1 * X2 * X3 * X4 * X5 * X6 * X7 * X8 * X13 * X18 * X21)
5	(X1 * X2 * X3 * X4 * X5 * X6 * X7 * X8 * X13 * X19 * X21)
6	(X1 * X2 * X3 * X4 * X5 * X6 * X7 * X8 * X13 * X20 * X21)
7	(X1 * X2 * X3 * X4 * X5 * X6 * X7 * X8 * X14 * X18 * X21)
8	(X1 * X2 * X3 * X4 * X5 * X6 * X7 * X8 * X14 * X18 * X22)
9	(X1 * X2 * X3 * X4 * X5 * X6 * X7 * X8 * X14 * X19 * X21)

续表

序号	最小径集
10	(X1 * X2 * X3 * X4 * X5 * X6 * X7 * X8 * X14 * X19 * X22)
⋮	⋮
201	(X9 * X10 * X11 * X13 * X15 * X20 * X21 * X24)
202	(X9 * X10 * X11 * X13 * X18 * X21 * X23 * X24)
203	(X9 * X10 * X11 * X13 * X19 * X21 * X23 * X24)
204	(X9 * X10 * X11 * X13 * X20 * X21 * X23 * X24)
205	(X9 * X10 * X11 * X14 * X15 * X18 * X21 * X24)
206	(X9 * X10 * X11 * X14 * X15 * X18 * X22 * X24)
207	(X9 * X10 * X11 * X14 * X15 * X19 * X21 * X24)
208	(X9 * X10 * X11 * X14 * X15 * X19 * X22 * X24)
209	(X9 * X10 * X11 * X14 * X15 * X20 * X21 * X24)
210	(X9 * X10 * X11 * X14 * X15 * X20 * X22 * X24)
211	(X9 * X10 * X11 * X14 * X18 * X21 * X23 * X24)
212	(X9 * X10 * X11 * X14 * X18 * X22 * X23 * X24)
213	(X9 * X10 * X11 * X14 * X19 * X21 * X23 * X24)
214	(X9 * X10 * X11 * X14 * X19 * X22 * X23 * X24)
215	(X9 * X10 * X11 * X14 * X20 * X21 * X23 * X24)
216	(X9 * X10 * X11 * X14 * X20 * X22 * X23 * X24)

2.2.3　事故树基本事件结构重要度计算

借助 FTA（故障树分析）进行分析并整理可得各基本事件的结构重要度排序如下所示：

I(X11)＝I(X9)＞I(X10)＞I(X5)＝I(X4)＝I(X3)＝I(X2)＝I(X1)＞I(X6)＞I(X8)＝I(X7)＞I(X25)＞I(X15)＞I(X21)＝I(X16)＞I(X14)＞I(X24)＝I(X22)＞I(X23)＝I(X20)＝I(X19)＝I(X18)＝I(X13)＝I(X12)。

2.2.4　事故树计算结果分析

(1) 分析最小割集可知：该弃渣场事故树，求得的最小割集 74 个，这说明发生边坡失稳事故的途径可有 74 种，从数量上来看，发生弃渣场失稳事故的途径很多，因此，需要加强防范意识，特别是汛期需做好安全排查和实时监管。

（2）分析最小径集可知：弃渣场事故成功树，求得最小径集 216 个，从这一数值看，使弃渣场保持安全稳定的控制途径有 216 种，但由于有些因素不可避免，例如地形地质因素、渣土特性、汛期渗流因素等，因此，实际上使弃渣场保持安全稳定的控制途径只有不到 15%，所以要把重点放在人为因素这个点，确保弃渣场在各种条件下尽量有足够的稳定能力，即便失事也能确保抢险措施有效。

（3）分析结构重要度可知：降雨引发的渗流变化、水流冲刷和浸润线变化是发生弃渣场事故的主要原因，地势、河流、偶然作用等原因是次要原因。所以在进行弃渣场管理时要重点放在弃渣场监管、防护以及防汛工作上面。

2.3 弃渣场边坡失稳的危险度评价

危险度的实质是指一个有威胁的事件或现象在某一规模下对人们生命财产造成潜在损失的概率。弃渣场边坡失稳的危险度就是有可能发生由降雨等因素引起的事故灾害，并对人身和财产造成潜在损失的概率。

2.3.1 弃渣场边坡失稳致灾因子

通过对福建地区弃渣场的历史事故资料和降雨资料的收集、统计和分析，可以把导致弃渣场边坡失稳的致灾因子主要分为地理环境因素、自然环境因素和人为影响因素三方面。

2.3.1.1 地理环境因素

1. 地形地质

地形地质条件是弃渣场边坡失稳主要内因，包括弃渣场及邻近区域地形结构、地质条件和渣土岩土体组分。

（1）渣土组分来源：由于不同部位土体成因、成分及结构的不同可以划分为多个土层，不同土层性质结构有所差异，在土层边界逐渐过渡。土坡组分越复杂，层间结合面越多，坡体的不稳定因素就越多，整体稳定性越低。

（2）地形结构：地形结构影响弃渣场及其邻近区域产汇流及排水过程，此外还与弃渣场结构稳定性息息相关。

(3) 堆坡地质条件：弃渣场堆坡区域地质条件与渣土组分及结构组成均有较大的关系，直接影响坡体稳定。

2. 坡型结构

(1) 坡度、坡高：弃渣场坡度及坡高是弃渣场边坡最基本的参数，是弃渣场边坡安全的重要参考因子。通常情况下，坡高越大，坡体渗流情况越复杂，滑坡风险也越大。此外在一定单元区域内岸坡平均坡度与滑坡频率成正相关，如图 2-12 所示。

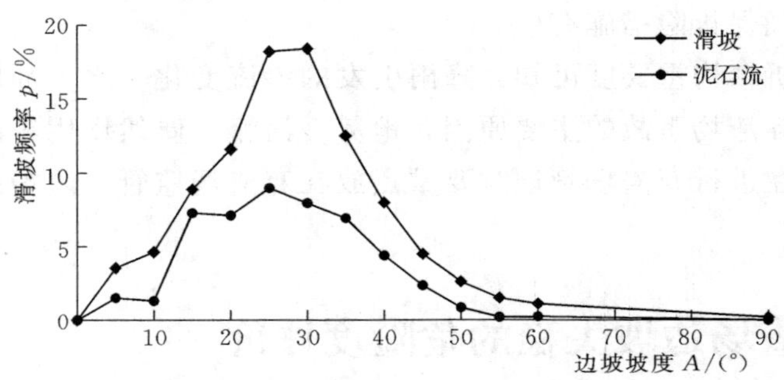

图 2-12　边坡坡度与滑坡和泥石流灾害频率分布的关系

(2) 坡厚、分层：一般来说，土层越厚，土体软弱夹层的概率就越大，受外力作用下整体稳定性越低。坡厚及分层主要与弃渣土来源地质条件及人为运输处理计划相关，也是弃渣场边坡安全的主要考量因子。

2.3.1.2　自然环境因素

1. 水文气象

弃渣场边坡失稳的发生不仅与降雨强度、降雨历时有关，而且还与降雨出现的频率组成有关，即雨型。

(1) 降雨雨型：在降雨量较大的情况下，降雨雨型对于边坡坡体渗流、坡面径流流量分配、渗流过程也有着重要的影响。

(2) 降雨强度：据统计区域内渣场边坡失稳绝大多数发生在汛期(4—9 月)，即雨强越大，弃渣场边坡危险度越大。

2. 环境作用

(1) 植被覆盖率：不同程度的植被覆盖率对弃渣场边坡失稳的影响非常重要。植被覆盖良好的坡体，水土保持能力较强，同时生物作用可以使土体结构更加紧密，延缓坡内渗流变化速率，有助于坡体稳定。植被是边坡土体的保护层，根系对滑坡土体有加筋、锚固作用，因此可以提高边坡土体的抗剪强度指标和整体性，另外植被的根系可以改变滑坡土体的渗透能力。

(2) 历史灾情值：区域历史灾害状况可以通过区域内岸坡发生过的灾害分布密度、规模及频数来综合考量，以史为鉴来判定区域内土质岸坡潜在风险。

(3) 地震烈度：地震是引发边坡失稳的重要影响因子，地震烈度与震级大小、震源深度、震中距远近，以及当地的地质构造等有关。

2.3.1.3 人为影响因素

人为因素导致弃渣场边坡失稳的作用越来越大，许多大滑坡的致灾因子里面都会出现人为因素，这给我们很大的启示：如何正确认识自然规律，限制不科学的人类活动，以避免造成不应有的灾害损失，这里面有多方面的原因，既有认识不足、安全防护不当，也有施工方法欠科学。

1. 安全防护

(1) 护坡措施：有无防护措施也是影响岸坡稳定的重要因素，植被覆盖是天然的防护措施，此外，人工绿化、加强结构措施也是常见的护坡措施。

(2) 排水设施：有无坡面排水设施同样影响弃渣场边坡的稳定性。排水设施可以集中、快速地排出坡面降雨，减少雨水的下渗，增加坡体的稳定性，人为地在危险边坡上面修筑排水设施，是工程中常见的防灾措施。一般常见的排水设施有排洪渠、排洪涵洞、排洪暗管等。

(3) 边坡开挖：本来处于稳定的坡体，由于人类的不合理或者过度开挖而处于滑坡的临界状态，而降雨入渗增加了斜坡土体下滑力，并且雨水起到了润滑剂的作用，减小了表层土体与基岩面的摩擦力，使得处于临界稳定状态的坡体失稳而发生滑坡。另外，不合理的堆载增加了边坡下滑力，尽管坡体的抗滑力发生变化，但是此消彼长也会使边坡发生滑坡或者崩塌。

2. 社会经济考量

(1) 资源利用率：在渣土成分中有许多材料可以经过处理分离出来成为有效的建筑材料或填筑材料，通过资源转换的方式变废为宝，一方面满足生产建设需要；另一方面可以减少废物产生及处理，是一个双赢的处理方式。然而资源转换处理需面对的问题较多，资源利用率反映渣土转换效率和处理水平。

(2) 景观适宜性：渣土随意丢弃会造成地面坑坑洼洼，极不美观，如若稍加设计，将渣土堆体与弃渣处自然地貌结合，形成一个视觉效果比较适宜的堆体，即以一种相对温和的方式对地形地貌进行堆填和改造。

（3）生境功能：随着可持续发展战略的深入贯彻，渣场处理对于弃渣处生态环境的影响也应列入弃渣场危险度评价体系中，禁止弃渣中含有有毒有害物质及其他可能影响当地生态环境的因素。

综上所述，弃渣场危险度评价体系如图2-13所示。

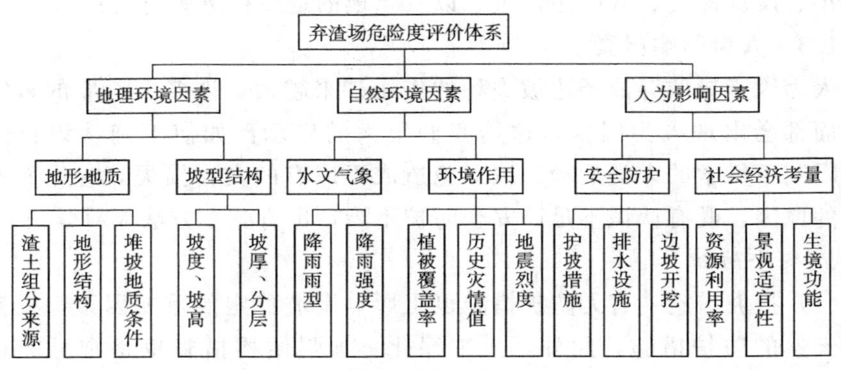

图2-13　弃渣场危险度评价体系

2.3.2 弃渣场边坡失稳危险度评价等级

弃渣场危险度评价体系，结合区域特征，选取若干危险度评价因子进行评价等级分类及评价。根据弃渣场边坡失稳特征，结合24h最大降雨量Q_1、年平均降雨量Q_2、边坡坡度Q_3、排水设施排水效率Q_4、植被覆盖率Q_5，根据各个因子对弃渣场边坡失稳形成的贡献，确定各个评价因子的权重，结果见表2-6。

表2-6　弃渣场边坡失稳危险度评价因子权重系数

参数	24h最大降雨量Q_1	年平均降雨量Q_2	边坡坡度Q_3	排水设施排水效率Q_4	植被覆盖率Q_5
权重数	9	5	3	2	1
权重系数	0.45	0.25	0.15	0.10	0.05

弃渣场边坡失稳的危险度计算公式如下：

$$H_{滑}=0.45M_{Q_1}+0.25M_{Q_2}+0.15M_{Q_3}+0.1M_{Q_4}+0.05M_{Q_5} \quad (2-2)$$

式中：M_{Q_1}、M_{Q_2}、M_{Q_3}、M_{Q_4}、M_{Q_5}分别为Q_1、Q_2、Q_3、Q_4、Q_5的转换值。弃渣场边坡失稳危险度评价因子转换值见表2-7。

表 2-7　弃渣场边坡失稳危险度评价因子转换值

24h 最大雨量 Q_1/mm	年平均降雨量 Q_2/mm	边坡坡度 Q_3/(°)	排水设施排水效率 Q_4/%	植被覆盖率 Q_5/%	转换值
<20	<1000	<10	>90	<10	0
20～40	1000～1200	10～30	90～70	10～30	0.2
40～70	1200～1400	30～50	70～50	30～50	0.4
70～100	1400～1700	50～70	50～30	50～70	0.6
100～150	1700～1900	70～90	30～10	70～90	0.8
>150	>1900	>90	<10	>90	1

由于目前还没有统一的规范对弃渣场边坡失稳的危险度等级做出规定，因此等级划分的随意性较大，本书提出弃渣场边坡失稳的危险度划分等级，选择危险度区间为［0，1］，以 0.2 为公差分为五个等级：极低危险、低度危险、中度危险、高度危险和极高危险，详细见表 2-8。

表 2-8　弃渣场边坡失稳危险度等级、特点及其防治对策

降雨型滑坡危险度	危险度分级	降雨型滑坡特点	灾情预测	防治原则	防治对策
0～0.2	极低危险	基本无滑坡	基本无损失	防为主	维持原生态环境
0.2～0.4	低度危险	发生小规模、低频率的滑坡	一般不会造成重大灾难和严重危害	防为主治为辅	加强水土保持和群防群策，并辅助以一定的工程治理
0.4～0.6	中度危险	发生中等规模的滑坡、泥石流等	较少造成重大灾难和严重危害	治为主防为辅	实施生态工程和土木工程综合治理
0.6～0.8	高度危险	发生大规模、高频率的滑坡、泥石流等	可造成重大灾难和严重危害	防治并重	加强预警措施，实施生态工程和土木工程综合治理
0.8～1.0	极高危险	发生巨大规模和特高频率的滑坡、泥石流等	可造成重大灾难和严重危害	防为主治为辅	尽量避绕，辅助实施生态工程和土木工程综合治理

2.4　弃渣场边坡失稳的易损度评价

1991和1992年联合国公布了自然灾害易损度的定义："在给定地区由于潜在损害现象可能造成损失的程度，自然灾害易损度取值从0到1"。因此，降雨型滑坡的危险度可以理解为：给定区域内由于发生弃渣场边坡失稳可能造成的最大潜在损失程度。

2.4.1　弃渣场边坡失稳易损度评价模型

弃渣场边坡失稳易损度归纳起来可以分为三类：物质易损度、经济易损度和社会易损度。物质易损度主要指建筑物和公共基础设施，前者主要为住宅房屋，后者包括交通设施（公路、铁路、航道、桥梁等）和生命线工程（供水、排水和供气管道，输电通信线路）。经济易损度主要指经济收入、个人财产和国内生产总值。社会易损度主要是人口及其结构（人口结构、自然增长率、年龄、教育程度和财富状况）。物质易损度和经济易损度归为财产指标，社会易损度主要则归为人口指标。

弃渣场边坡失稳易损度评价中的财产指标：

$$V_1 = I + E \tag{2-3}$$

式中：V_1 为财产指标，万元；I 为物质易损度指标，万元，详见式（2-4）；E 为经济易损度指标，万元，详见式（2-5）。

弃渣场边坡失稳易损度评价中的物质易损度指标：

$$I = I_1 + I_2 + I_3 \tag{2-4}$$

式中：I_1 为建筑资产，万元；I_2 为交通设施资产，万元；I_3 为生命线工程资产，万元。

弃渣场边坡失稳易损度评价中的经济易损度指标：

$$E = (E_1 + E_2 + E_3) \times N \tag{2-5}$$

式中：E_1 为人均年收入，万元/a；E_2 为人均储蓄存款余额，万元/人；E_3 为人均拥有的固定资产，万元/人；N 为人口总数。

弃渣场边坡失稳易损度评价中的人口指标：

$$V_2 = (a + b + r) \times D/3 \tag{2-6}$$

式中：V_2 为人口指标，人/km^2；a 为65岁以上老人和15岁以下少年儿童的比例；b 为初等教育以下的人口比例；r 为人口自然增长率，%；D 为人口密度，人/km^2。

财产指标和人口指标的转换赋值函数：

$$FV_1=\begin{bmatrix}0.25\log V_1,\ V_1<10000\\ 1,\ V_1\geqslant 10000\end{bmatrix} \tag{2-7}$$

$$FV_2=\begin{bmatrix}0.002V_2,\ V_2<500\\ 1,\ V_2\geqslant 500\end{bmatrix} \tag{2-8}$$

式中：FV_1 为财产指标的转换函数值，范围为 [0，1]；FV_2 为人口指标的转换函数值，范围为 [0，1]。

结合式（2-7）、式（2-8）得到降雨型滑坡的易损度 V 评价模型如下：

$$\begin{cases}V=\sqrt{\dfrac{(FV_1+FV_2)}{3}}\\ FV_1=\begin{bmatrix}0.25\log V_1,\ V_1<10000\\ 1,\ V_1\geqslant 10000\end{bmatrix}\\ FV_1=\begin{bmatrix}0.002V_2,\ V_2<500\\ 1,\ V_2\geqslant 500\end{bmatrix}\\ V_1+I+E\quad V_2=(a+b+r)\dfrac{D}{3}\end{cases} \tag{2-9}$$

式中：V 为弃渣场边坡失稳易损度，范围为 [0，1]；其他符号同前。

2.4.2 弃渣场边坡失稳易损度评价等级

由弃渣场边坡失稳的危险度计算式（2-1），可对弃渣场边坡失稳易损度分为五级：极低易损、低度易损、中度易损、高度易损、极高易损，划分标准见表 2-9。

表 2-9　　弃渣场边坡失稳易损度分级标准

弃渣场边坡失稳易损度	易损度分级	承灾体特征	灾情预测
0～0.2	极低易损	以土地为主，类型单一，数量极少	基本无人员伤亡，毁坏农田，基本无恢复期
0.2～0.4	低度易损	以土地、房屋为主，数量较少，人口密度小	较少人员伤亡，毁坏农田、房屋，恢复期很短
0.4～0.6	中度易损	以土地、房屋、交通设施为主，数量较多，人口密度较密	有一定人员伤亡，综合损失较高，恢复期较长
0.6～0.8	高度易损	经济较发达，基础设施较完备，人口密度较大	人员伤亡较大，综合损失高，恢复期很长

续表

弃渣场边坡失稳易损度	易损度分级	承灾体特征	灾情预测
0.8～1.0	极高易损	经济较发达，基础设施完备，人口密度极大	人员伤亡大，综合损失罕见，不能恢复

2.5　弃渣场边坡失稳风险评价

联合国对于自然灾害的风险的定义为

风险度(Risk)＝危险度(Hazard)×易损度(Vulnerability)　(2-10)

在式（2-10）中，危险度表示的是致灾体，主要是指灾害的诱发因子对弃渣场边坡失稳来说主要包括降雨强度、边坡坡度、人工开挖及其他因素，具有自然属性；易损度则表示的是承灾体，主要指的是受灾人口、财产等，反映灾害的社会属性。风险度则表示的是灾害的演变过程，是致灾体对承灾体的影响，是自然属性和社会属性的结合，表现为危险度和易损度的乘积，三者相互联系，构成灾害评价的有机整体。在弃渣场边坡失稳的风险评价中，危险度评价是前提，易损度评价是基础，风险度评价是结果，可得到弃渣场边坡失稳风险度的评价等级见表 2-10。

表 2-10　弃渣场边坡失稳风险等级

风险度分级	极低风险	低度风险	中度风险	高度风险	极高风险
风险度	0～0.04	0.04～0.16	0.16～0.36	0.36～0.64	0.64～1.0

参考文献

[1]　中国水土保持学会水土保持规划设计专业委员会．生产建设项目水土保持设计指南[M]．北京：中国水利水电出版社，2011.

[2]　刘希林，莫多闻．泥石流易损度评价 [J]．地理研究，2002 (5)：569-577.

第3章　生产建设项目弃渣场设计

3.1　弃渣场选址

弃渣场选址是在主体工程施工组织设计土石方平衡基础上，综合考虑地形、地貌、工程地质和水文地质条件，周边的敏感性因素，占地类型与面积、涉及安置人数与专项设施数量及其投资，弃渣场容量、运距、运渣道路、防护措施及其投资，损坏水土保持设施数量及可能造成的水土流失危害，弃渣场后期利用方向等因素后进行选址的。弃渣场选址一般规定如下：

（1）严禁在对公共设施、基础设施、工业企业、居民点等有重大影响的区域设置弃渣场。

（2）涉及河道的选址应符合河流防洪规划和治导线的规定，不得设置在河道、湖泊和建成水库管理范围内。

（3）在山丘区宜选择荒沟、凹地、支毛沟，平原区宜选择凹地荒地，风沙区宜避开风口。

（4）应充分利用取土（石、砂）场、废弃采坑、沉陷区等场地。

（5）应综合考虑弃渣结束后的土地利用。

（6）不宜布设在流量较大的沟道，否则应进行防洪论证。

（7）弃渣场应避开滑坡体等不良地质条件地段，不宜在泥石流易发区设置弃渣场，确需设置的应确保弃渣场稳定安全。

（8）弃渣场不宜设置在汇水面积和流量大、沟谷纵坡陡、出口不易拦截的沟道；对弃渣场选址进行论证后，确需在此类沟道弃渣的，应采取安全有效的防护措施。

（9）尽量在永久占地范围内弃土，不在征地困难地段设置弃渣场。

（10）尽量少占或不占农田，尽量少毁林，首选就近弃渣或山沟、坡脚弃渣。有多个适合的弃渣场时，可根据弃渣量的大小、运费和临时便道、占地、防护等综合费用进行经济比较，在经济、合理的条件下几个工点可共用一个弃渣场。

3.1.1 水利水电工程弃渣场选址

（1）在对电站水库运营发电不影响的前提下，充分利用死库容，最大限度地利用死库容堆渣，以减少征占地和防护投资。

（2）根据枢纽布置特点，按分开和集中相结合，综合考虑弃渣来源和数量，便于运弃和防护的原则布置渣场。

（3）少占或不占耕地，提高土地利用率，利用前期弃渣平台作为电站建设施工场地，以减少征占地和对植被的破坏。

3.1.2 铁路工程弃渣场选址

弃渣场的选择和土石方数量的大小、施工地点与施工方法有关。路堑土石方施工采用小型机械和人工施工时，少量弃渣常堆放在路堑顶或加宽路堤来弃渣，隧道施工多采用轨道运输，多采用沿山坡、沿沟和加宽路堤的方法弃渣。目前隧道和路堑土石方的弃渣多采用汽车外运，山区铁路采用汽车运输的弃渣场一般有以下几种。

（1）沿河弃渣场。沿河线路距河底较远，且水流量小、河滩较宽时，可采用沿河弃渣。

（2）沿山坡坡脚弃渣场。选择线路附近的山坡，应根据弃渣量的大小，选择一定高度来修建弃渣场的临时便道，沿山坡坡脚弃渣。

（3）山沟弃渣场。在两山之间的山沟选取弃渣场。在一侧的山坡上修建弃渣便道，弃渣时先沿便道弃渣，然后逐渐加宽，最终将山沟填平。

（4）平地弃渣场。地势平坦的荒地或贫瘠土地也可选作弃渣场。弃渣前先填筑至弃渣堆顶的便道，然后进行弃渣。

（5）回填弃渣场。与线路相邻的区县规划部门、建设单位、国土部门、水利部门联系，将弃渣用于土地平整和取土、取石、取沙等形成的废弃砂石坑凹地作为回填，以减少对土地资源的占用。

沿河弃渣的弃渣量小、且易堵塞和淤塞河道，现在一般很少使用；回填弃渣场可一举两得，有条件时应尽量采用；山沟和山坡坡脚弃渣场弃渣量大、占地少、弃渣方便，是山区铁路弃渣场的主要选择；平地弃渣场坡堆的防护工程量大，在经济、合理的条件下也可选用。

3.1.3 公路工程弃渣场选址

公路项目常设弃渣场类型及适用条件如下：

(1) 坡地型弃渣场。坡地型弃渣场是将弃渣堆放在缓坡地、河流或沟道两侧较高台地上，堆渣体底部高程高于河（沟）岸弃渣场设防洪水位。适用于沿山坡堆放，坡度不大于25°且坡面稳定的山坡，其拦渣工程为挡渣墙。

(2) 沟道型弃渣场。公路项目中常设的沟道型弃渣场类型为截洪式弃渣场。沟道型弃渣场通常运距短，弃渣场容量大且设置挡渣墙或沟道排洪工程投资大；潜在的水土流失危害大，对周边环境影响较大。沟道型弃渣场应选择洪水流量较小、沟床宽缓的沟道；应禁止在下方存在工矿企业、居民点及其他重要基础设施（包括公路主线）的沟道内设置弃渣场。

(3) 临河型弃渣场。由于山区公路走廊带常临河设置，因此临河型弃渣场具有运距较短、运输较为方便的优点。临河型弃渣场设置需考虑的重要因素为：河（沟）岸是否有较宽缓的台地；在启用临河型弃渣场前应编制行洪论证与河势稳定评价报告以判断该弃渣场的设置是否影响沟道或河道行洪是否影响河势稳定并报河道管理部门进行审查，在符合河道管理和防洪行洪的要求下，方可设置临河型弃渣场。

3.1.4 采矿工程弃渣场选址

(1) 应优先选用废弃的采矿坑、塌陷区。

(2) 为防止一般工业固体废物和渗滤液的流失，应构筑堤、坝、挡土墙等设施。

(3) 为防止雨水径流进入处置场内，避免渗滤液量增加和滑坡，贮存、处置场周边应设置导流渠。

(4) 应根据环境影响评价结论确定场址位置及其与周围人群的距离，并经具有审批权的环境保护行政主管部门批准，并可作为规划控制的依据。在对一般工业固体废物贮存、处置场场址进行环境影响评价时，应重点考虑一般工业固体废物贮存、处置场产生的渗滤液以及粉尘等大气污染物等因素，根据其所在地区的环境功能区类别，综合评价其对周围环境、居住人群的身体健康、日常生活和生产活动的影响，确定其与常住居民居住场所、农用地、地表水体、高速公路、交通主干道（国道或省道）、铁路飞机场、军事基地等敏感对象之间合理的位置关系。

3.2　堆置要素设计

弃渣场根据堆渣高度，选择堆置方式，一般采用自下而上方式堆置，堆渣高度小于10m时，在采取安全挡护措施下可采用自上而下方式堆置。弃渣场堆置要素主要包括容量、占地面积、总高度与台阶高度、堆渣坡度以及平台宽度等。

3.2.1　渣量以及渣场容量

弃渣场容量是指在满足安全稳定条件下，按照设计的堆渣方式、堆渣坡比和堆渣高度，以松方为基础计算渣土占地范围内所容纳的弃渣量。弃渣场容量应与设计堆渣量相适应，堆渣量应以自然方为基础，按弃渣组成折算为松方，并应根据堆渣工艺、沉降因素进行修正。渣场需要的有效容量：

$$V_{效}=V_{实}K_{松} \tag{3-1}$$

式中：$V_{效}$为有效容量，m^3；$V_{实}$为剥离岩土的实际体积数，m^3；$K_{松}$为废石经下沉后的松散系数，各类岩土$K_{松}$参考值：砂1.01～1.03；带夹石的黏土质岩1.10～1.20；砂质黏土1.03～1.04；块度不大的岩石1.20～1.30；黏土1.04～1.073；大块岩石1.25～1.35。

渣场有效容积计算：

$$V_{渣}=AH \tag{3-2}$$

式中：$V_{渣}$为渣场有效容积，m^3；A为渣场场地有效面积，m^2；H为平均堆置高度，一般为15～20m。

渣场有效堆置年限计算：

$$N=\frac{V_{渣}}{Q} \tag{3-3}$$

式中：N为渣场有效堆置年限，年；Q为每年排渣量，m^3/a。

3.2.2　占地面积

弃渣场占地面积是指弃渣场所占有或使用的土地水平投影面积，包括综合堆渣量、地形、堆置要素及其拦挡、截排水等防护建筑物占地面积。占地面积由施工、移民、环保及水保专业与地方政府会商后共同确定，通过征地和移民安置实物指标进行调查和确认。弃渣场可充分利用山谷陡坡和荒地，缩小堆置范围，增大渣场容积，不占或少占耕地。占地面积计算可参照表 3-1 所述。

表 3-1　　斜坡提升堆置场有效容积及占地面积计算

项目		容　积	面　积
前倾式单车道	简图	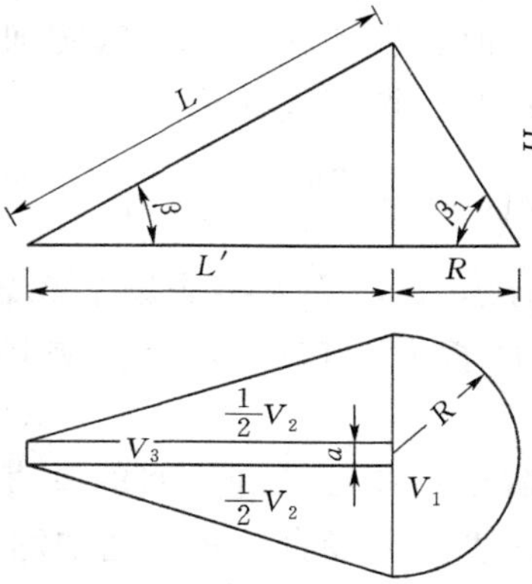	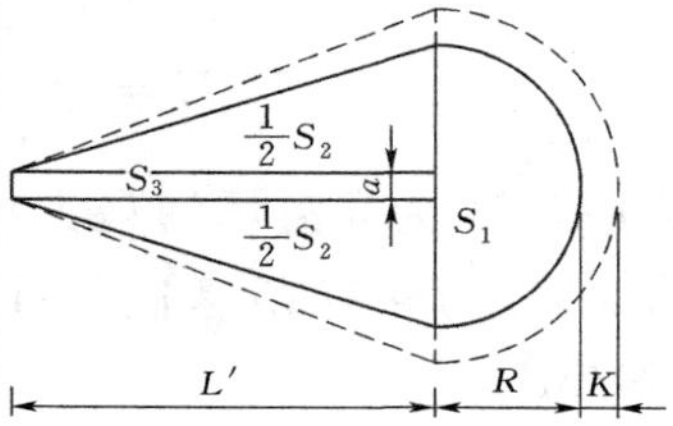
	计算公式	$V=V_1+V_2+V_3$ $V_1=\frac{1}{6}\pi R^2 H$ $V_2=\frac{1}{6}(2R-a)L'H$ $V_3=\frac{1}{2}L'aH$	$S=S_1+S_2+S_3$ $S_1=\frac{1}{2}\pi(R+K)^2$ $S_2=\left(R-\frac{a}{2}+K\right)L'$ $S_3=aL'$
前倾式及侧卸式双车道，索道运输	简图	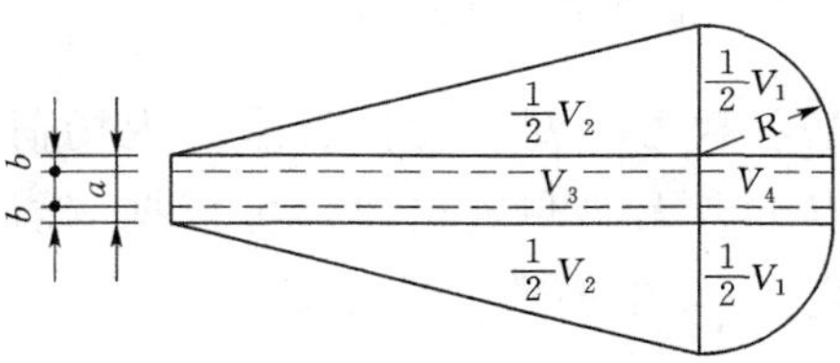	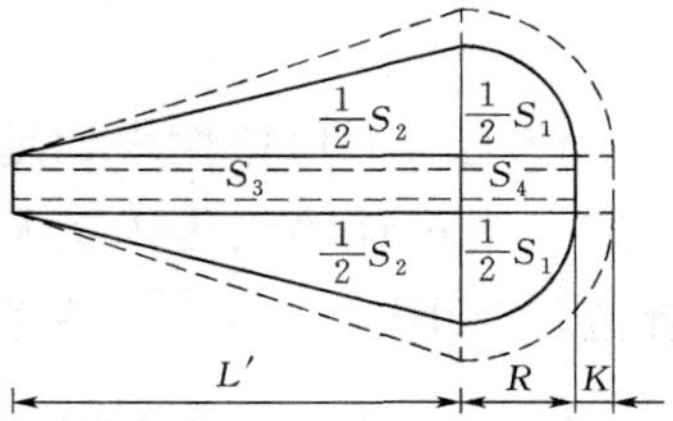
	计算公式	$V=V_1+V_2+V_3+V_4$ $V_1=\frac{1}{6}\pi R^2 H$ $V_2=\frac{1}{3}RL'H$ $V_3=\frac{1}{2}L'aH$ $V_4=\frac{1}{2}RaH$	$S=S_1+S_2+S_3+S_4$ $S_1=\frac{1}{2}\pi(R+K)^2$ $S_2=(R+K)L'$ $S_3=aL'$ $S_4=a(R+K)$

注：表中 K 为安全距离，一般不小于 30m。

3.2.3　堆渣高度与台阶高度

确定弃渣场台阶高度及堆渣总高度应考虑水文、地质、气候条件、岩土物理力学性质、运输及堆放机械方式、地形及地势等因素。

影响弃渣场堆置总高度的因素较多，其中场地原地面坡度和地基承载力为主要因素。弃渣场基础为土质时，弃渣初期基底压实到最大的承载能力时，弃渣的最大堆置高度需要控制，按下式计算：

$$H=\pi C\cot\varphi\left[\gamma\left(\cot\varphi+\frac{\pi\varphi}{180}-\frac{\pi}{2}\right)\right]^{-1} \tag{3-4}$$

式中：H 为弃渣场的最大堆置高度，m；C 为弃渣场基底岩土的黏聚力，kPa；φ 为弃渣场基底岩土的内摩擦角，(°)；γ 为弃渣场弃渣的容量，kN/m^3。

渣场的台阶高度是指排土台阶坡顶线至坡底线间的垂直距离，各台阶的高度总和称为弃渣场的堆置总高度，渣场台阶示意图如图3-1所示。

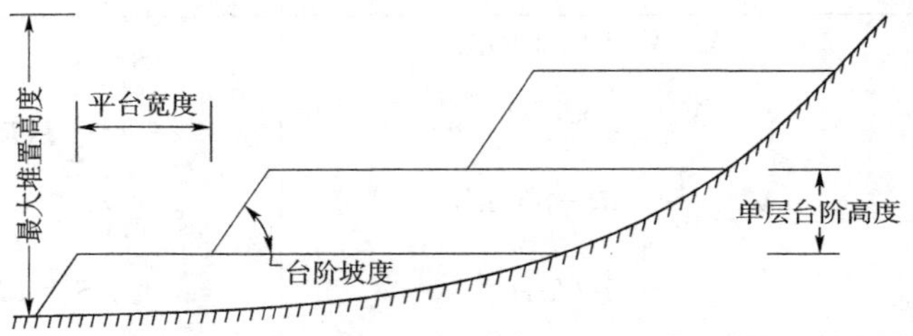

图3-1　渣场台阶示意图

渣土的工程特性表如地基承载力和变形指标宜采用现场荷载试验成果确定。当设计等级为丙级及以下、无实测资料时，可依据《岩土工程勘察规范》(DBJ 13-84)，参考表3-2中的数值综合确定。

表3-2　福建省沿海地区填土主要物理力学性质指标

填土名称	状态		天然重度		压实系数		承载力特征值	
	福州	厦门	福州	厦门	福州	厦门	福州	厦门
素填土（黏土质填土）	中密，可塑	中密，可塑	17.5～19	18	—	—	100～150	120～160
杂填土（瓦砾填土）	松散，稍密，中密	松散，稍密，稍密	<16 16～18 18～20	17～19 18	—	—	70～100 90～120 120～150	80～100 100～150

续表

填土名称	状态		天然重度		压实系数		承载力特征值	
	福州	厦门	福州	厦门	福州	厦门	福州	厦门
压实填土	碎石、卵石				0.94～0.97		200～300	
	砂夹石（碎石、卵石占全重 30%～50%）						200～250	
	土夹石（碎石、卵石占全重 30%～50%）						150～200	
	黏性土（10＜I_p＜14）						130～180	

场址原地表坡度和地基承载力为主要因素，如果场址地形平缓、地基承载力好时，其堆高可以加大；如果地基是土质时，弃渣场在排土初期基底压实到最大的承载能力时弃渣场的高度需要控制。在确定靠近地面第一层台阶高度时，应避免在地质条件差时堆置过高，以免造成严重的基础凸起使局部弃渣场下沉，造成台阶边坡滑落引起上层台阶不稳定。在多台阶堆置时，上下台阶要留有一定的超前距离，既保证台阶的安全生产，也为上一台阶的稳定创造条件。单台阶弃渣场一般堆置高度大，沉降变形也大，它适合于堆置坚硬岩石，弃渣场基底不含软弱层。多台阶弃渣场堆置高度要根据排土参数和基底承载能力分析计算。当无工程地质资料时，堆置的台阶高度可按表 3－3 确认。

表 3－3　　弃渣场剥离物堆置台阶高度　　单位：m

岩土类型	排土方式						
	铁路运输					汽车运输	斜坡卷扬
	人工排土	推土机排土	推土犁排土	电铲排土	装载机排土	推土机排土	废石山
坚硬块石	40～60 (30～40)	40～60 (20～30)	20～30 (15～20)	40～60 (20～30)	≤200	≤200	＜150
混合土石	30～40 (20～30)	30～40 (20～30)	5～20 (10～15)	30～40 (20～30)	≤100	≤100	＜150
松散硬质黏土	15～20 (12～15)	15～20 (10～15)	10～15 (10～12)	15～20 (10～15)	15～30 (15～20)	15～30 (15～20)	70～80

续表

岩土类型	排土方式						
	铁路运输					汽车运输	斜坡卷扬
	人工排土	推土机排土	推土犁排土	电铲排土	装载机排土	推土机排土	废石山
松散软质黏土	12～15 (10～12)	12～15 (10～12)	10～12 (8～10)	12～15 (10～12)	12～15 (10～12)	12～15 (10～12)	50～60
砂质土	—	—			—	—	—

注：括号内数值为工程地质及气象条件差时参考值。

《有色金属采矿设计手册》提出了弃渣场的台阶高度与排弃岩石的性质和排土方法的关系，当无工程地质资料时，堆置的台阶高度也可参考表3-4中的值。表3-4中，当弃渣堆地基的工程地质、水文地质条件不好以及区域的气候条件不良时，弃渣场台阶高度另定；当堆置的弃渣是由流砂构成时，弃渣场台阶高度不应超过3m。

表3-4　弃渣场的台阶高度　单位：m

排土方法	不同排土类型及排弃岩土性质对应的排土台阶高度					
	平地排土场			山坡排土场		
	软	硬质	混合	软	硬质	混合
排土犁排土	8～10	12～13	12～20	—	20～30	10～20
单斗挖掘机排土	10～15	15～20	20～30	—	25	15～25
自卸汽车和排土机排土	2～10	—	10～18	—	—	10～15

3.2.4 堆渣坡度

各种弃渣场的堆置自然安息角与散体含水量有一定关系，含水量大，自然安息角小。弃渣场的堆置自然安息角可按表3-5、表3-6选取。多台阶弃渣场剥离物堆置的总坡度应小于或等于剥离物堆置自然安息角。

表3-5　弃渣场剥离物（岩堆）堆置安息角

类别	自然安息角/(°)	平均安息角/(°)
沙质片岩（角砾，碎石）与砂黏土	25～42	35
砂岩（块石、碎石、角砾）	26～40	32

续表

类　别	自然安息角/(°)	平均安息角/(°)
砂岩（砾石、碎石）	27～39	33
片岩（角砾、碎石）与砂黏土	36～43	38
页岩（片岩）	29～43	38
石灰岩（碎石）与砂黏土	27～45	34
花岗岩	35～40	37
钙质砂岩	—	34.5
致密石灰岩	32～36	35
片麻岩	—	34
云母片岩	—	30
各种块度的坚硬岩石	30～48	32－45

表 3－6　弃渣场剥离物（土壤）堆置安息角　单位：(°)

土 壤 种 类	干	湿	很湿
种植土	40	35	25
紧密的种植土	45	35	30
松软的黏土及砂质黏土	40	27	20
中等紧密的黏土及砂质黏土	40	30	25
紧密的黏土及砂质黏土	45	30	25
特别紧密的黏土	45	37	35
细砂夹泥	40	25	20
洁净细砂	40	27	22
紧密细砂	45	30	25
紧密中粒砂	45	33	27
松散细砂	37	30	22
松散中粒砂	37	33	25
砾石土	37	33	27
亚黏土	40～50	35～40	25～80
肥黏土	40～45	35	15～20

3.2.5 平台宽度

弃渣场的工作平台宽度主要取决于上一台阶的高度、大块废石的滚动距离、采用的排弃设备、运输方式、运输路线的条数及移道步距等因素，其宽度应达到上下相邻排土台阶互不影响的基本要求。

公路运输平台宽度通过下式确定：

$$A_{公路}=1.5+2(R_{汽车}+L_{汽车})+C \tag{3-5}$$

式中：$A_{公路}$为公路运输工作平台宽度，m；$R_{汽车}$为汽车转弯半径，m；$L_{汽车}$为汽车长度，m；C为超前堆置宽度，m，按表3-7选取。

表3-7　超前堆置宽度取值

堆排方式	推土机	装载机	电铲
超前堆置C	视作业条件而定	不小于装载和卸载半径之和	不小于一次移道步距，宜取18～24m

铁路运输平台宽度通过下式确定

$$A_{铁路}=F_{铁路}+D_{铁路}+B_{铁路}+C \tag{3-6}$$

式中：$A_{铁路}$为铁路运输工作平台宽度，m；$F_{铁路}$为外侧线路中心至台阶边坡顶的最小距离，m；$D_{铁路}$为线间距，m；$B_{铁路}$为上台阶坡脚线至线路中心的安全距离，m，宜大于大块石滚落距离加轨道架线式电杆至线路中心距离，大块石滚落距离见表3-8；C为超前堆置宽度，m，按表3-7选取。

表3-8　大块石滚落距离

台阶高度/m	10	12	16	20	25	30	40
大块石滚落距离/m	15	16	18	20	22	24	27

按照设计弃渣方式堆置后的平台宽度应根据弃渣物理力学性质、地形、地质工程、气象及水文等条件确定。按照自然安息角堆放的渣体，平台宽度可参照表3-9。

表3-9　各类渣体不同台阶高度对应的平台高度

类　　别	台阶高度/m				
	6	8	10	12	15
砂质片岩（角砾）与砂黏土	1.5～7.5	1.7～10	2～12.5	2.5～15	3.5～19
石灰岩（碎石）与砂黏土	2.5～8.5	2.5～11	4～14	5～16.5	6～20.5
片岩（角砾、碎石）与砂黏土	6～8	8～10.5	10～13	12～15.5	15～19.5
砂岩（块石、碎石、角砾）	2～7	2.5～9.5	3～12	4～14	4.5～17.5

续表

类　别	台阶高度/m				
	6	8	10	12	15
砂岩（砾石、碎石）	2.5～7	3.5～9	4～11.5	5～13.5	6～17
页岩（片岩）	3.5～8	4.5～10.5	5.5～13	7～15.5	8.5～19.5
花岗岩	6～7	7.5～9.5	9.5～12	11.5～14	14～17.5
钙质砂岩	5.5	7.5	9	11	13.5
致密石灰岩	5～6	6～8	8～10	9～12	11.5～15
片麻岩	5.5	7	9	10.5	13.5
云母片岩	4	5	6.5	8	10
各种块度的坚硬岩石	4～9	5～12	6.5～15	7.5～17.5	9.5～22

3.3 拦挡设计

弃渣拦挡工程是集中存放建设项目在基建施工和生产运营中造成的大量弃土、弃石、弃渣、尾矿和其他废弃固体物而修建的工程，包括拦渣坝、挡渣墙、拦渣堤、拦渣堰和尾矿坝等工程。应通过现场查勘或勘探，按就地取材、安全可靠、经济合理的原则，选择拦挡工程型式。拦挡工程设计应综合渣场类型、弃渣堆置方案、渣场地形地质、气象及水文、建筑材料、施工机械类型等因素确定。

3.3.1 拦挡工程的种类与适用条件

拦挡工程的种类与适用条件见表 3-10。

表 3-10　　拦挡工程的种类与适用条件表

工程种类	定　义	适 用 条 件
拦渣坝	在沟道中堆置弃土、弃石、弃渣、尾矿的建筑物	适用于坝体控制流域面积较小（一般不超过 $3km^2$）、库容和工程地质条件满足要求的沟道或河道中，布置于渣场下游弃渣末端坡脚

续表

工程种类	定　　义	适　用　条　件
挡渣墙	为了防止固体废弃物堆积体被冲蚀或易发生滑塌、崩塌，或稳定人工开挖形成的高陡边坡，或避免滑坡体前缘再次滑坡而修建的建筑物	适用于防洪要求不高的大多数地段；堆置在坡顶及斜坡面时
拦渣堤	修建于沟岸或河岸的，用以拦挡建设项目基建施工与生产过程中排放的固体废弃物的建筑物	有防洪要求时，需结合防洪堤布置。弃土、弃石、弃渣等堆置于河（沟）道旁边，妨碍河道行洪或可能因冲刷流入河道时
拦渣堰	类似于挡渣墙	适用于地形平缓的宽阔地区
尾矿坝	为妥善存放和处理大量的尾矿由堤坝围堰而成的拦挡建筑物	要根据尾矿类型和物理、化学性质满足环境保护要求

3.3.2　拦挡工程布设应遵循的基本原则

拦挡工程布设应遵循的基本原则如下：

(1) 选择拦挡工程类型的原则。拦挡工程应根据弃土、弃石、弃渣量的堆放位置和堆放方式，结合堆放区域的地形地貌特征、水文地质条件和建设项目的安全要求，在设计时妥善确定与其相适宜的拦挡工程型式。

(2) 确定拦挡工程设计标准的方法原则。拦挡工程设计标准包括工程级别、建筑物级别和防洪标准，拦挡工程布设应首先满足《开发建设项目水土保持技术规范》(GB 50433)，同时应符合《水工挡土墙设计规范》(SL 379) 和《堤防工程设计规范》(GB 50286) 等技术标准的要求。对在防洪、稳定、防止有毒物质泄露等方面有特殊要求的生产建设项目，如冶炼系统的尾矿库、赤泥库等，应参照有关行业的设计规范，在分析论证的基础上，确定相应的设计标准。拦挡工程的防洪标准及建筑物等级，应按其所处位置的重要程度和渣场的等级分别确定，应由表 3－11 确定渣场级别后参照表 3－12 确定拦挡工程建筑物级别再根据表 3－13 确定防洪标准，并应进行相应的水文计算和稳定计算。在总体布局上必须考虑河（沟）道行洪和下游建筑物、工厂、城镇、居民点等重要设施的安全，应根据国家标准，结合当地的具体情况确定相应的防洪标准。

表 3-11　　弃 渣 场 级 别

渣场级别	堆渣量 V/万 m^3	最大堆渣高度 H/m	渣场失事对主体工程或环境造成的危害程度
1	$2000 \geqslant V \geqslant 1000$	$200 \geqslant H \geqslant 150$	严重
2	$1000 > V \geqslant 500$	$150 > H \geqslant 100$	较严重
3	$500 > V \geqslant 100$	$100 > H \geqslant 60$	不严重
4	$100 > V \geqslant 50$	$60 > H \geqslant 20$	较轻
5	$V < 50$	$H < 20$	无危害

注：1. 根据堆渣量、最大堆渣高度、渣场失事对主体工程或环境的危害程度确定的渣场级别不一致时，就高不就低。

2. 渣场失事对主体工程的危害指对主体工程施工和运营的影响程度，渣场失事对环境的危害指对城镇、乡村、工矿企业、交通等环境建筑物的影响程度。

3. 严重危害：相关建筑物遭到大的破坏或功能受到大的影响，可能造成人员伤亡和重大财产损失的；较严重危害：相关建筑物遭到较大或功能受到较大的影响，需进行专门修复后才能投入正常使用；不严重危害：相关建筑物遭到破坏或功能受到影响，及时修复即可投入正常使用；较轻危害：相关建筑物受到的影响很小，不影响原有功能，无须修复即可投入正常使用。

4. 本表参照《水土保持工程设计规范》（GB 51018），在《水电工程渣场设计规范》（NB/T 35111）中参照水利水电工程等别和水工建筑物级别，对弃渣场级别要求更为严格，水利行业设计可参照《水电工程渣场设计规范》（NB/T 35111）确定。

表 3-12　　弃渣场拦挡工程建筑物级别

渣场级别	拦 挡 工 程			
	拦渣坝工程（尾矿坝）	挡渣墙工程	拦渣堤工程	围渣堰工程
1	1	2	1	1
2	2	3	2	2
3	3	4	3	3
4	4	5	4	4
5	5	5	5	5

表 3-13　　弃渣场拦挡工程防洪标准

拦挡工程级别	防 洪 标 准			
	山区、丘陵区		平原区、滨海区	
	设计	校核	设计	校核
1	100	200	50	100

续表

拦挡工程级别	防洪标准			
	山区、丘陵区		平原区、滨海区	
2	100～50	200～100	50～30	100～50
3	50～30	100～50	30～20	50～30
4	30～20	50～30	20～10	30～20
5	20～10	30～20	10	20

(3) 选择占地类型的原则。拦渣工程选址、修建应少占耕地，尽可能选择荒沟、荒滩、荒坡等地方。

3.3.3 拦渣坝

拦渣坝是在沟道中修建的拦蓄固体废弃物的建筑工程。目的是避免淤塞河道，减少入河入库泥沙，防止引发山洪、泥石流。修建时应妥善处理河（沟）道水流过坝问题，可允许部分坝顶溢流，如图3-2所示。在工程实践中常用的两种拦渣坝：一种是滞洪式拦渣坝，另一种是截洪式拦渣坝。滞洪式拦渣坝既有拦渣作用又有滞蓄上游洪水的作用，截洪式拦渣坝仅拦渣不滞洪，其上游洪水由排洪涵洞等排洪建筑物排出。滞洪式弃渣场拦渣总库容由拦渣库容、拦泥库容、滞洪库容三部分组成，坝顶高程应按总库容在水位-库容曲线对应高程，加安全超高确定。截洪式拦渣坝不考虑滞洪库容。

图3-2　拦渣坝

1. 坝址选择

拦渣坝坝址应符合下列条件：①坝址应位于渣源附近，其上游流域面积不宜过大；②坝址地形要选择沟道平缓，工程量小，库容大；③坝址要选择岔沟，沟道平直和跌水的上方，坝端不能有集流洼地或冲沟；④坝址附近有良好的筑坝材料，便于采运和施工；⑤地质构造稳定，岩土质坚硬；⑥两岸岸坡不能有疏松的塌积和陷穴、泉眼等隐患。

2. 防洪标准

拦渣坝防洪标准参照《防洪标准》(GB 50201) 及水利部标准《开发

建设项目水土保持方案技术》(SL 204)确定，见表 3-13，拦渣坝洪水设计标准见表 3-14。

表 3-14　　拦渣坝洪水设计标准

库容/万 m^3	洪水重现期/年	校核洪水重现期/年
≤50	20～30	50
>50	30～50	100

3. 拦渣坝上游洪水的处理

(1) 拦渣坝坝址上游汇流较小时，应采取导洪堤或排洪渠，将区间小洪水排导到拦渣坝的溢洪道或泄水洞，安全泄走。

(2) 拦渣坝坝址上游有较大洪水，并对拦渣坝构成威胁时，应在拦渣坝上游修建拦洪坝。在此情况下，拦渣坝的溢洪、泄水总量应与其上游拦洪坝的排洪，泄水建筑物的泄洪总量统一考虑。

(3) 拦渣坝坝址上游有较大洪水，坝址上游又无条件修建拦洪坝时，可修建防洪拦渣坝，同时兼具拦渣和防洪两种功能，但必须经过技术经济论证，确定其合理性，才能修建。

4. 拦泥库容的确定

与上述三种情况相对应，根据坝址控制区的水土流失情况，拦渣坝本身应有一定的拦泥库容。拦泥库容通过式 (3-7) 进行计算：

$$V_S = NK_S SF \tag{3-7}$$

式中：V_S 为拦泥库容；F 为拦渣坝上游汇水面积；S 为年侵蚀模数；K_S 为平均拦泥率；N 为使用年限。

5. 拦渣库容的确定

根据项目建设和生产运行情况，确定每年的排渣量，根据每年排渣量和拦渣坝的使用年限，确定其拦渣库容。

6. 滞洪库容的确定

滞洪库容应考虑分洪口门的位置及型式、分洪道水面比降，以及洪水与滞洪涝水量的不利组合等计算确定，安排的滞洪区库容宜适当大于理想情况下的分洪量。

7. 总坝高与总库容的确定

总坝高由四部分组成：

$$H_{总} = H_{泥} + H_{渣} + H_{滞洪} + H_{超高} \tag{3-8}$$

式中：$H_{总}$ 为总水位，m；$H_{泥}$ 为拦泥水位，m；$H_{渣}$ 为拦渣水位，m；$H_{滞洪}$

为滞洪水位，m，截洪式拦渣坝不考虑此水位；$H_{超高}$为安全超高水位，m。

由 $H-V$ 水位库容关系曲线，得到相应总库容 $V_{总}$ 的值。

8. 坝型选择

拦渣坝坝型主要根据拦渣的规模和当地的建筑材料来选择。一般有土石坝、浆砌石坝、混凝土坝等形式。土石坝、浆砌石坝、混凝土坝应分别满足《水土保持治沟骨干工程技术规范》(SL 289)、《碾压式土石坝设计规范》(SL 274)、《砌石坝设计规范》(SL 25)、《混凝土重力坝设计规范》(SL 319)的相关规定。选择坝型时，应进行多方案比较，做到安全经济。截洪式弃渣场宜采用首建初级坝、多次成坝方案。初级坝坝高宜取 8～10m，可不进行调洪计算，其总体布置、坝型及逐级加坝应符合现行行业标准《火力发电厂水工设计规范》(DL/T 5339) 的有关干式贮灰坝的设计规定。

9. 坝体断面及结构设计

土石坝断面及结构设计内容主要包括坝高确定、坝顶宽度确定、坝体排水设计、土坝边坡防护设计、土坝下游坡面纵向、横向排水设计等。具体设计参照《水土保持治沟骨干工程技术规范》(SL 289)、《碾压式土石坝设计规范》(SL 274) 进行。

浆砌石坝和混凝土重力坝设计的主要任务包括确定坝高、坝顶宽度、上下游坝坡坡比，拟定泄洪方式（溢流坝或溢洪道）及泄洪建筑物主要尺寸。需进行溢流或泄水建筑物的水力计算、消能防冲设施设计、坝体稳定及应力计算、防渗设计。混凝土重力坝还应进行坝体防裂及温控设计等。具体设计参照《砌石坝设计规范》(SL 25)、《混凝土重力坝设计规范》(SL 319) 进行。

10. 拦渣坝的稳定与应力计算

主要的设计内容为：①作用力计算。计算作用在单位坝长上的力，按其性质不同分为坝体重力，坝上游面的淤积物重力，坝前水压力，废渣冲击压力，坝基扬压力等。②坝体抗滑稳定计算。③坝基应力计算。拦渣坝应力计算示意图如图 3-3 所示。

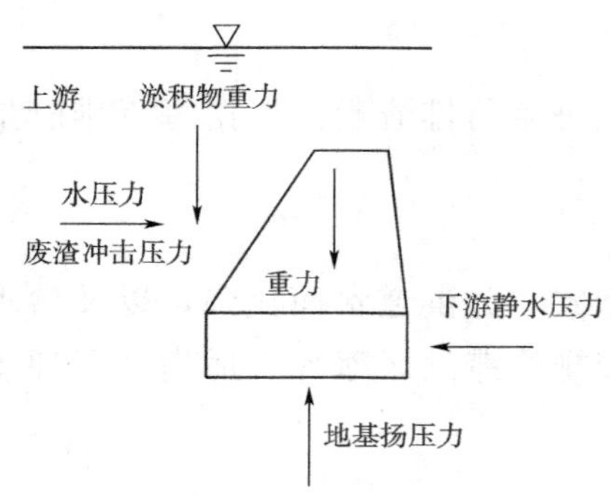

图 3-3　拦渣坝应力计算示意图

根据坝型采用相应稳定分析方法，确定坝体断面。土石坝参照《碾压式土石坝设计规范》(SL 274) 执行，砌石坝参照《砌石坝设计规范》(SL 25)

执行，混凝土重力坝参照《混凝土重力坝设计规范》(SL 319) 执行。

11. 拦渣坝排洪建筑物

(1) 土石坝。土水坝分明渠式溢洪道及溢流堰式溢洪道。

(2) 浆砌石坝。浆砌石坝上的溢洪道要尽可能采取坝顶溢流堰溢流方式。

12. 坝下消能措施

浆砌石拦渣坝的洪水从坝顶下泄时，能量很大，需要采取消能措施。常采用消力坎和护坦两种消能方法。

13. 放水工程设计方案

应根据坝址地形地质条件、设计泄洪流量等因素，确定构筑物型式。放水建筑选择，根据不同条件，分别采取卧管式或竖井式放水工程。

3.3.4 挡渣墙

挡渣墙是为了防止固体废弃物堆积体被冲蚀或易发生滑塌、崩塌，稳定人工开挖形成的高陡边坡，避免滑坡体前缘再次滑坡而修建的水土保持工程，如图 3-4 所示。

图 3-4 挡渣墙

1. 挡渣墙选线选址

为充分发挥挡渣墙拦挡废渣的作用，保证挡渣墙在使用期间的稳定与安全，应合理选线，尽量减小挡渣墙的设计高度与断面尺寸。

(1) 挡渣墙应建在紧靠弃渣或相对高度较高的坡面上，这样可有效降低挡渣墙高度。

(2) 挡渣墙沿线土层的含水量和密度应保持一致，避免不均匀沉降对地基稳定性的影响。为安全起见，在具体施工时，应沿挡渣墙长度方向预留伸缩缝和沉降缝。

(3) 挡渣墙的布设要尽可能避免横断沟谷和水流，如无法避免时，应修建排水建筑物。

(4) 墙线宜顺直，转折处应用平缓曲线相连接。

2. 挡渣墙上部洪水处理

(1) 挡渣墙上部有汇流小洪水时，采取导洪堤或排洪渠，将水流引走，使之安全排泄。

（2）挡渣墙上部有较大洪水时，应在其上部修建拦洪坝。

3. 挡渣墙型式

挡渣墙按结构形式的不同，可分为重力式、悬臂式和扶壁式三种，墙型要根据拦渣的规模和当地的建筑材料来选择，选择墙型时，应按照安全、经济的原则，进行多方案比较，选择最佳的墙型。

（1）重力式挡渣墙。重力式挡渣墙是依靠墙身自重来维持稳定的，墙体用浆砌块石或混凝土作成，适用于墙高小于5m，地基土质较好的情况，是最常用的形式。

重力式挡渣墙墙身构造由墙背、墙面、墙顶、护栏组成。重力式挡渣墙墙背可做成俯斜、仰斜、垂直、凸形折线和衡重等形式。

俯斜墙背所受的土压力较大，在地面横坡陡峻时，俯斜式挡渣墙可采用陡直墙面，借以减小墙高，俯斜墙背可做成台阶形，以增加墙背与填料间的摩擦力，如图3-5（a）所示。

仰斜墙背所受土压力小，故墙身断面经济，墙身通体与边坡贴合，开挖量和回填均小，但注意仰斜墙背的坡度不宜缓于1∶0.3，以免施工困难，如图3-5（b）所示。

垂直墙背介于二者之间，如图3-5（c）所示。

凸形折线墙背是将倾斜式挡渣墙的上部墙背改为俯斜，以减小上部断面尺寸，多用较长斜坡的坡足地段的陡坎处，如路堑，如图3-5（d）所示。

衡重式墙上下墙之间设衡重台，并采用陡直的墙面，适用于山区地形，陡峻处的边坡，上墙俯斜墙背的坡度为1∶0.25～1∶0.45，下墙仰斜墙背在1∶0.25左右，上下墙的墙高比一般采用2∶3，如图3-5（e）所示。

（2）悬臂式挡渣墙。悬臂式挡渣墙由底板和固定在底板上的直墙构成，主要靠底板上的填渣重量来维持稳定的挡渣墙，主要由立壁、趾板及踵板三个钢筋混凝土构件组成，如图3-6所示。

面坡常用1∶0.02～1∶0.05，背坡可直立。顶宽大于0.15m，路肩墙大于0.2m，踵板采用等厚，趾板端部厚度可减薄，但不小于0.30m，立壁高度一般小于5m，趾板端部距立壁边缘距离一般为（1/20～1/5）H，踵板端部距立壁边缘距离一般为（1/4～1/2）H，立壁前缘坡度陡于1∶0.1。某悬臂式挡渣墙设计案例示意图如图3-6所示。

（3）扶壁式挡渣墙。扶壁式挡渣墙是一种钢筋混凝土薄壁式挡渣墙，

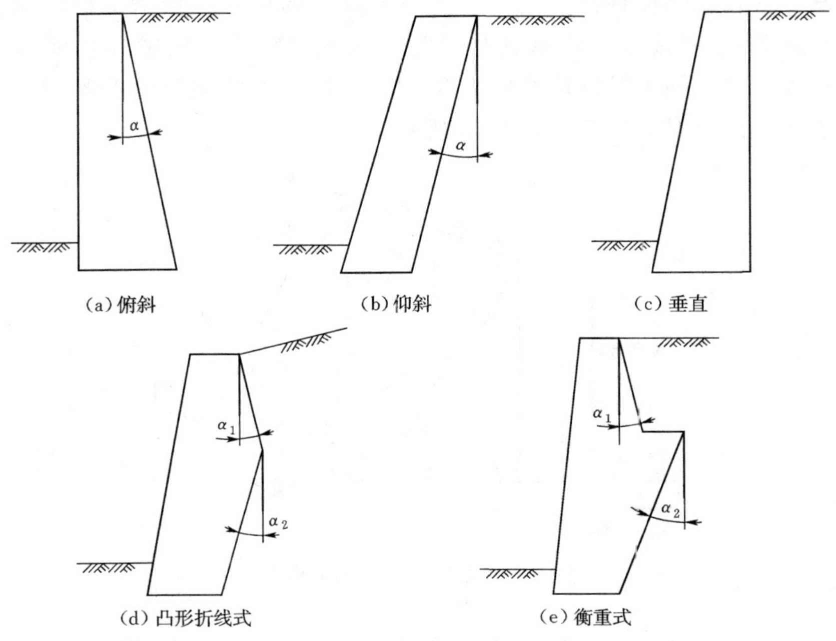

图 3-5 重力式挡墙示意图

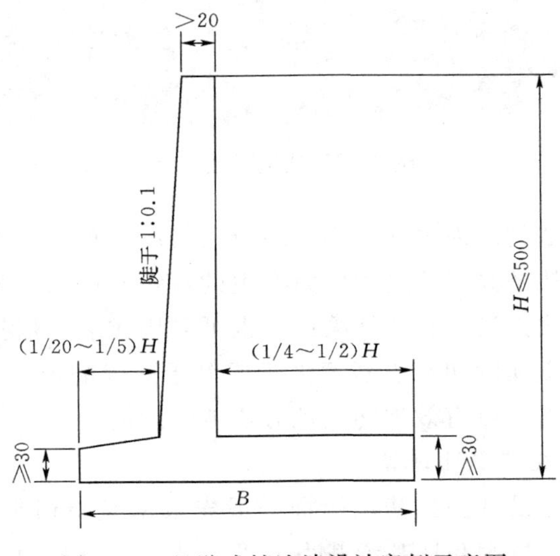

图 3-6 悬臂式挡渣墙设计案例示意图

其主要特点是构造简单、施工方便，墙身断面较小，自身质量轻，可以较好地发挥材料的强度性能，能适应承载力较低的地基。扶壁式挡渣墙由墙面板（立壁）、墙趾板、墙踵板及扶肋（扶壁）组成，扶壁式挡渣墙的立壁，常为等厚，间距常取墙高的1/3～1/2，厚度约为间距的1/8～1/6，但不小于0.3m，如图3-7、图3-8所示。

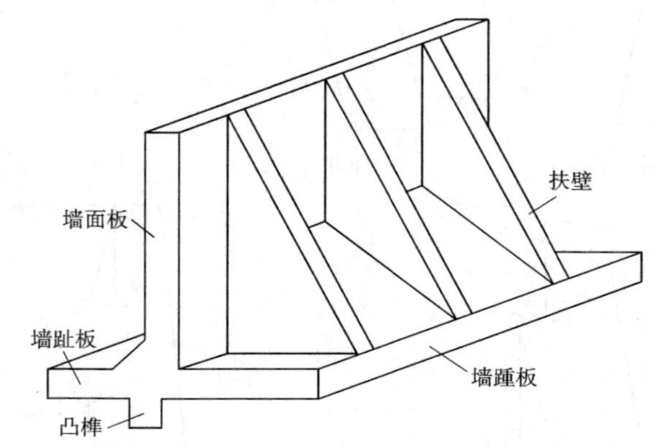

图3-7　扶壁式挡渣墙示意图

图3-8　扶壁式挡渣墙

扶壁式挡渣墙的断面尺寸较小，踵板上的渣体重力可有效地抵抗倾覆和滑移，竖板和扶壁共同承受土压力产生的弯矩和剪力，相对悬臂式挡渣墙受力好，扶壁式挡渣墙宜整体灌注，也可采用拼装，但拼装式扶壁挡渣墙不宜在地质不良地段和地震烈度大于或等于8度的地区使用。适用6～12m高的填方边坡，可有效地防止填方边坡的滑动。

4. 断面尺寸及稳定性计算

（1）断面尺寸设计。挡渣墙断面一般先根据经验初步确定主要尺寸，经验算满足抗滑、抗倾和地基承载力要求，其经济合理的墙体断面尺寸即为设计断面尺寸。挡渣墙断面结构形式及尺寸可按《水工挡土墙设计规范》(SL 379) 执行。

(2) 稳定性计算。挡渣墙稳定性计算包括抗滑、抗倾和地基承载力验算。抗滑稳定验算是为保证挡渣墙不产生滑动破坏，抗倾稳定验算是为保证挡渣墙不产生绕前趾倾覆而破坏，基底应力验算一般包括两项要求：一是平均地基应力不超过容许承载力，以防出现过大沉陷；二是控制基底应力大小比或基底合力偏心距，以防发生前倾变位。

1) 抗滑稳定计算。土质地基抗滑稳定计算按下式计算：

$$K_s=\frac{f\sum G}{\sum P}\geqslant[K_s] \tag{3-9}$$

式中：K_s 为抗滑稳定安全系数；f 为挡渣墙基底面与地基之间的摩擦系数，可由试验或根据类似地基的工程经验确定；$\sum G$ 为作用于挡渣墙计算截面以上的全部荷载的垂直分力之和，包括墙身自重、土重等垂直荷载以及基底面上扬压力的总和，kN；$\sum P$ 为作用于挡渣墙上全部水平分力之和，包括土压力、水压力等水平荷载的总和，kN；$[K_s]$为抗滑稳定安全系数允许值。

岩石地基抗滑稳定计算按下式计算：

$$K_s=\frac{f'\sum G+c'A}{\sum P} \tag{3-10}$$

式中：f'为挡渣墙基底面与地基之间的抗剪断摩擦系数；c'为挡渣墙基底面与岩石地基之间的抗剪断黏结力，按表 3-15 选定。

表 3-15　　f' 值 和 c' 值

岩石地基类别		f'	c'/MPa
硬质岩石	坚硬	1.5～1.3	1.5～1.3
	较坚硬	1.3～1.1	1.3～1.1
软质岩石	较软	1.1～0.9	1.1～0.7
	软	0.9～0.7	0.7～0.3
	极软	0.7～0.4	0.3～0.05

注： 如岩石地基内存在结构面、软弱层（带）或断层的情况，f'值、c'值应按《水利水电工程地质勘察规范》(GB 50487) 的规定执行。

挡渣墙抗滑稳定安全系数允许值应根据挡渣墙工程级别，按表 3-16 确定。

表 3-16　　挡渣墙抗滑稳定安全系数允许值

计算工况	土质地基					岩石地基					
	挡渣墙级别					挡渣墙级别					按抗剪断公式计算时
	1	2	3	4	5	1	2	3	4	5	
正常运行	1.35	1.30	1.25	1.20	1.20	1.10	1.08	1.08	1.05	1.05	3.00
非常运行	1.10	1.10	1.10	1.05	1.05	1.00					2.30

2）抗倾覆稳定计算：

$$K_t=\frac{\sum M_y}{\sum M_0}\geqslant[K_t] \tag{3-11}$$

式中：K_t 为抗倾稳定安全系数；$\sum M_y$ 为作用于墙身各力对墙前趾的抗倾覆力矩，kN·m；$\sum M_0$ 为作用于墙身各力对墙前趾的倾覆力矩，kN·m；$[K_t]$为抗倾稳定安全系数允许值。

挡渣墙抗倾覆稳定安全系数允许值应根据挡渣墙工程级别，按表 3-17 确定。

表 3-17　　挡渣工程抗倾覆稳定安全系数允许值

计算工况	工程级别			
	1	2	3	4、5
正常运行	1.60	1.50	1.45	1.40
非常运行	1.50	1.40	1.35	1.30

3）基底应力计算。

偏心距计算：

$$e=\frac{B}{2}-\frac{\sum M_y-\sum M_0}{\sum G} \tag{3-12}$$

式中：e 为竖向荷载合力偏心距，m；B 为挡渣墙基底宽度，m。

基底应力计算：

$$\sigma_{\min}^{\max}=\frac{\sum G}{A}\pm\frac{\sum M}{W} \tag{3-13}$$

式中：$\sigma_{\max}$ 为最大压应力，kPa；$\sigma_{\min}$ 为最小压应力，kPa；$\sum M$ 为作用在挡渣墙上的全部荷载对于水平面平行前墙墙面方向形心轴的力矩之和，kN·m；W 为对挡渣墙基底面对于基底平面平行前墙墙面方向形心轴的截面矩，m^3。

（3）基底应力验算。对于建在土基上的挡渣墙，基底应力验算应满足以下三个条件：

1）基底平均应力小于或等于地基允许承载力：

$$\sigma_{cp} \leqslant [R] \tag{3-14}$$

式中：σ_{cp} 为平均应力；$[R]$为地基允许承载力。

2）基底最大应力：

$$\sigma_{max} \leqslant \partial [R] \tag{3-15}$$

式中：∂为加大系数，一般为 1.2～1.5，常取$\partial=1.2$。

3）基底应力不均匀系数小于或等于允许值：

$$\eta=\frac{\sigma_{max}}{\sigma_{min}} \leqslant [\eta] \tag{3-16}$$

式中：η 为地基应力不均匀系数；$[\eta]$为基底应力不均匀系数允许值，对于松软地基，宜取$[\eta]=1.2$～2.0，对于中等坚硬、密实地基，宜取$[\eta]=$2.0～3.0。

5. 埋置深度

挡渣墙基底的埋置深度应根据地基地质条件，最大冻土深度等确定，福建省位于中国东南沿海，境内存在短时冻土区，主要分布在南平市、三明市以及宁德市内。

（1）地基为土基时，当最大冻土深度小于 1m 时，基底应在冻结线以下不小于 0.25m；当最大冻土深度大于 1m 时，基底最小埋置深度不小于 1.25m，还应将基底到冻结线以下 0.25m 范围的地基土换算为弱冻胀材料。

（2）在风化层不厚的硬质岩石地基上，基底宜置于基岩表面风化层以下。

（3）挡渣墙应每隔 10～15m 设置变形缝。挡渣墙轴线转折处、地形变化大、地质条件、荷载和结构断面变化处，应增设变形缝。

6. 分缝与排水

（1）分缝。根据地形地质条件、气候条件、墙高及断面尺寸等，设置伸缩缝和沉降缝，防止因地基不均匀沉降和温度变化引起的墙体裂缝。设计和施工时，一般将二者合并设置，沿墙线方向每隔 10～15m 设置一道缝宽 2～3cm 的伸缩沉降缝，缝内填塞沥青麻絮、沥青木板、聚氨酯、胶泥或其他止水材料。

（2）排水。当墙后水位较高时，应设置排水孔等排水设施，将渣体中出露的地下水以及由降水形成的渗透水流及时排除，有效降低墙后水位，减小墙身水压力，增加墙体稳定性。排水孔径 5～10cm，间距 2～3m，排水孔纵坡不小于 5%，排水孔出口应高于墙前水位。

在渗透水向排水设施逸出地带，为防止排水带走细小颗粒而发生管涌等渗透破坏，采用在水流入口管端包裹土工布的方式起到反滤作用。

3.3.5　拦渣堤

拦渣堤是指修建于沟岸或河岸的，用以拦挡建设项目基建与生产过程中排放的固体废弃物的建筑物（图 3-9）。由于拦渣堤一般同时兼有拦渣与防洪两种功能，堤内拦渣，堤外防洪，故拦渣堤可行性研究和初步设计的关键是选线、基础和防洪标准，对于下游有重要设施的拦渣堤，应充分论证分析，提高防洪标准和稳定系数。

图 3-9　拦渣堤

1. 拦渣堤的类型

根据拦渣堤修筑的位置不同，主要有以下两种：

（1）沟岸拦渣堤。弃土、弃石、弃渣堆放于沟道岸边的，其建筑物防洪要求相对较低。

（2）河岸拦渣堤。弃土、弃石、弃渣堆放于河滩及河岸的，其建筑物防洪要求相对较高。

2. 堤防洪标准及设计要求

拦渣堤防洪标准可参照表 3-13，对弃渣安全有特殊要求的可结合行业标准适当提高。拦渣堤选线、堤距、堤型、堤防沿程设计水位、拦渣堤结构等均可参照《堤防工程设计规范》(GB 50286) 的设计规定执行。

3. 堤线布置、堤基处理

堤线布置、堤基处理等参照《堤防工程设计规范》(GB 50286) 进行。堤线布置应根据防洪规划，地形、地质条件，河流或海岸线变迁，结合现有及拟建建筑物的位置、施工条件、已有工程状况以及征地拆迁、文物保护、行政区划等因素，经过技术经济比较后综合分析确定。

（1）堤线布置。堤线布置应符合下列原则：

1）堤线布置应与河势相适应，并宜与大洪水的主流线大致平行。

2）堤线布置应力求平顺，相邻堤段间应平缓连接，不应采用折线或急弯。

3）堤线应布置在占压耕地、拆迁房屋少的地带，并宜避开文物遗址，同时应有利于防汛抢险和工程管理。

4）堤线布置宜避开强风或暴潮正面袭击。

5）堤防工程宜利用现有堤防和有利地形，修筑在土质较好、比较稳定的滩岸上，应留有适当宽度的滩地，宜避开软弱地基、深水地带、古河道、强透水地基。

6）海涂围堤、河口堤防及其他重要堤段的堤线布置，应与地区经济社会发展规划相协调，并应分析论证对生态环境和社会经济的影响，必要时应进行模型试验后分析确定。

（2）堤基处理。堤基处理应根据堤防工程级别、堤高、堤基条件和渗流控制要求，选择经济合理的方案。

堤基处理应符合下列要求：

1）渗流控制应保证堤基及背水侧堤脚外土层的渗透稳定。

2）堤基应满足静力稳定要求，按抗震要求设计的堤防还应满足抗震动力稳定要求。

3）竣工后堤基和堤身的总沉降量和不均匀沉降量不应影响堤防的安全和运用。

4）堤基处理应探明堤基中的暗沟、古河道、塌陷区、动物巢穴、墓坑、窑洞、坑塘、井窖、房基、杂填土等隐患，并应采取处理措施。

4. 断面设计及稳定性分析

实际工程中多采用重力式拦渣堤，其结构形式及断面尺寸一般应通过抗滑稳定、抗倾覆稳定和基底应力计算等确定。抗滑稳定、抗倾覆稳定和基底应力计算公式同挡渣墙，可按《水工挡土墙设计规范》（SL 379）执行。

拦渣堤工程抗滑稳定安全系数应根据拦渣堤工程级别确定，见表 3-18。

表 3-18　　拦渣堤抗滑稳定安全系数

计算工况	工程级别				
	1	2	3	4	5
正常运行	1.35	1.30	1.25	1.20	1.20
非常运行	1.10	1.10	1.10	1.05	1.05

5. 埋置深度

参照挡渣墙埋置深度确定，综合考虑河流冲刷深度确定，按照《堤防工程设计规范》，堤岸冲刷深度按下式计算：

$$h_B=h_p\times\left[\left(\frac{v_{cp}}{v_{允}}\right)^n-1\right] \tag{3-17}$$

式中：h_B 为局部冲刷深度，从冲刷处的地面算起，m；h_p 为冲刷处的水深，m；v_{cp} 为平均流速，m/s；$v_{允}$ 为河床面上允许不冲流速，m/s；n 为与防护岸坡在平面上的形状有关，一般取 $n=1/4$。

6. 堤顶高程

拦渣堤的堤顶高程的确定应同时满足拦渣和防洪要求，根据拦渣要求和防洪要求，分别算出相应的堤顶高程，取二者中较大值，作为堤顶高程。

(1) 拦渣要求如下：

1) 根据项目在基建施工或生产运行中弃土、弃石、弃渣的具体情况，确定在规定时期内拦渣堤应承担的堆渣总量。

2) 根据堤身长度与堆渣总量，算得顺堤单位长度（每米）的堆渣量。

3) 根据堤后地面坡度，堆渣形式与顺堤单位长度的堆渣量，算得堆渣高度，并按1.0m超高，确定堤顶高度。

(2) 防洪要求。堤顶高程按设计洪水位、风浪爬高、安全超高确定。由设计洪水位加上堤顶超高即可得到堤顶高程。

设计洪水位应按现行行业标准《水利工程水利计算规范》(SL 104)有关规定计算。堤顶超高应按下式计算：

$$Y=R+e+A \tag{3-18}$$

式中：Y 为堤顶超高，m；R 为设计波浪爬高，m；e 为设计风壅水面高度，m；A 为安全加高值，m，选值见表3-19。

表3-19　堤防工程的安全加高值

堤防工程的级别		1	2	3	4	5
安全加高值/m	不允许越浪的堤防	1.0	0.8	0.7	0.6	0.5
	允许越浪的堤防	0.5	0.4	0.4	0.3	0.3

3.3.6　拦渣堰

拦渣堰适用于平地形弃渣场的渣脚防护，布置于地形平缓的宽阔地带，其布置应减少弃渣占地，当拦渣堰不挡水时设计用挡渣墙设计，挡水时设计同拦渣堤。

3.3.7 尾矿坝

选矿厂选出矿石后，产生的大量脉石“废渣”即尾矿，通常是以矿浆状态排出的，个别情况下也有以干沙状态排出的。矿石冶炼后的“废渣”即尾沙。为妥善存放和处理大量的尾矿而修建的拦挡建筑物，称为尾矿坝，它和尾矿存放场地，统称为尾矿库（图 3-10）。

1. 资料收集

在比选尾矿库的型式和布置方案前，必须收集和调查建设项目的生产工艺、尾矿本身的性质，当地的水文、气象，地质资料以及自然环境、社会环境等资料。在此基础上，对选定方案的尾矿库再进行详尽的勘察和测量。

图 3-10 尾矿坝

2. 布置原则

（1）尽量不占或少占耕地，尽可能不拆迁或少拆迁居民住宅；尾矿库与厂区和居民点的距离，应符合工业、卫生、环保等各方面的有关规定。

（2）距选矿厂近，尽可能自流输送尾矿，有足够的贮存容积。

（3）尾矿库的汇水面积要尽可能小，库区内工程地质条件要好，库区内部，纵坡坡度要尽量平缓，以减少工程量。

（4）库区附近要有足够的土、石筑坝材料。

（5）尾矿库排出的水流，必须经过处理，达到国家废水排放标准，后才能排入河流。

3. 尾矿库库容与等级

（1）尾矿库库容。尾矿库库容一般是按下式进行计算：

$$V=\frac{WN}{\gamma_{a}\eta_{x}} \tag{3-19}$$

式中：V 为尾矿库所需总库容，m^3；W 为选矿厂每年排出的尾矿量，t/a；N 为选矿厂的设计生产年限，年；η_x 为尾矿库终期库容利用系数，与尾矿库的形状，尾矿粒度、排放方法有关；γ_a 为尾矿堆积干容重的平均值，t/m^3。

(2) 尾矿库等级和防洪标准。按尾矿库总库容和总坝高分别确定等级，根据这一等级即可按《尾矿库安全技术规程》(AQ 2006)，确定其防洪标准及库内建筑物的级别，作为设计的基本依据（表3-20）。

表3-20　尾矿库等级标准

总库容或坝高	尾矿（沙）库等级	防洪标准（重现期）/年	
		设计	校核
具备提高等级的Ⅱ、Ⅲ等工程	Ⅰ		2000～1000
$V>10^8m^3$ 或 $H>100m$	Ⅱ	200～100	1000～500
$V=10^7\sim10^8m^3$ 或 $H=60\sim100m$	Ⅲ	100～50	500～200
$V=10^5\sim10^7m^3$ 或 $H=30\sim60m$	Ⅳ	50～30	200～100
$V<10^5m^3$ 或 $H<30m$	Ⅴ	30～20	100～50

注　参考《城镇防洪》、《防洪标准》(GB 50201) 和《尾矿库安全技术规程》(AQ 2006)。

尾矿库构筑物的级别根据尾矿库等别及其重要性可按表3-21确定。

表3-21　尾矿库构筑物级别

等别	构筑物的级别		
	主要构筑物	次要构筑物	临时构筑物
1	1	3	4
2	2	3	4
3	3	5	5
4	4	5	5
5	5	5	5

3.4　防洪排导设计

在弃渣场填筑施工和运营过程中，弃渣场易遭受洪水危害的，应布设防洪排导工程。根据洪水的不同来源和危害程度，分别采取不同的防洪排导工程，主要包括拦洪坝、排洪排水工程等。

防洪排导工程设计所需基本资料主要以收集和分析为主，辅以野外查勘。其中包括气象水文资料［主要含项目区所处气候带、气候类型、气温、风、沙尘等资料，地表水系，实测暴雨洪水资料，项目所在地有关暴雨洪水计算图集（册）等]，地形地质资料（主要含弃渣场场址地形图，地质勘探资料等，地下水的类型及补给来源，地下水埋深、流向和流速，泉水出露位置、类型和流量等），工程场址所在河道有关设计洪水位及其他规划设计成果，以及主体工程设计相关资料和其他有关资料。

3.4.1 拦洪坝设计

拦洪坝主要用于拦蓄弃土（石、渣）场上游来水，并导入隧洞、涵、管等放水设施，弃渣场上游沟道洪水较大，排洪渠（沟）不能满足洪水下泄时，应在沟道中修建拦洪坝调洪。拦洪坝的坝型主要根据山洪的规模、地质条件及当地材料等决定，可采用土石坝、砌石坝和混凝土坝等型式。

1. 坝址的选择

坝址的选择以满足拦洪效益大、工程量小和安全的要求为原则，一般应考虑以下几点：

(1) 地形上要求河谷狭窄，坝轴线短，库区开阔，容量大，沟底比较平缓。

(2) 坝址附近应有良好的建筑材料。

(3) 坝址处地质构造稳定，两岸无疏松的坍土、滑坡体，断面完整，岸坡不大于60°。坝基应有较好的均匀性，其压缩性不宜过大。岩石要避免断层和较大裂隙，尤其要避开可能造成坝基滑动的软弱层。

(4) 坝址应避开沟岔、弯道、泉眼，遇有跌水应选在跌水上游。

(5) 库区淹没损失小，尽量避开村庄、耕地、交通要道和矿井等设施。

2. 水文计算与调洪演算

(1) 拦洪坝的防洪标准宜与其下游渣场的设防标准相适应。

(2) 设计洪水计算应符合防洪排导工程水文计算的规定。

(3) 调洪演算应符合《水利工程水利计算规范》(SL 104) 的规定，调洪过程原则上不大于相应防洪标准最大24h暴雨的设计洪水。

3. 拦洪库容

(1) 拦洪坝总库容包括死库容和滞洪库容两部分。死库容根据坝址以上来沙量和淤积年限综合确定，一般按上游1～3年来沙量计算。滞洪库容根据校核洪水标准、设计洪水来水量与泄水建筑物泄洪能力经调洪演算确定。

(2) 坝顶高程为总库容对应坝高加上安全超高。安全超高按表3-22确定。

表3-22　安全超高经验值

坝高/m	10～20	>20
安全超高/m	1.0～1.5	1.5～2.0

4. 坝型选择

拦洪坝的坝型选择主要根据山洪的规模、地质条件、当地材料、施工技术、工期、造价等决定。按结构分，主要坝型有土石坝、重力坝、拱坝。按建筑材料可分为砌石坝（干砌石坝和浆砌石坝）、混合坝（土石混合坝和土木混合坝）、混凝土坝等。

5. 坝体设计

(1) 土坝坝体设计参照《碾压式土石坝设计规范》(SL 274)，浆砌石坝坝体设计参照《砌石坝设计规范》(SL 25) 执行，参照拦渣坝设计。

(2) 应力计算与稳定分析依照《碾压式土石坝设计规范》(SL 274) 的有关要求及其附录提供的方法计算。碾压式土石坝应对运行期下游坝坡稳定性及上游库水位骤降时坝坡的稳定性进行验算。

6. 基础处理

(1) 根据坝型、坝基的地质条件及筑坝施工方式等，采用相应的基础处理措施。

(2) 土坝基础处理参照《碾压式土石坝设计规范》(SL 274)，浆砌石坝基础处理参照《砌石坝设计规范》(SL 25) 执行。

3.4.2　排洪排水工程设计

排洪工程主要分为排洪渠、排洪涵洞、排洪隧洞以及弃渣场排水，如图3-11所示。排洪工程的防洪标准应根据《水利水电工程水土保持技术规范》(SL 575) 的相关要求，参照表3-13。

排洪渠主要指排洪明渠，一般采用梯形断面，按建筑材料分一般有土质排洪渠、石质衬砌排洪渠和三合土排洪渠等。弃渣场一侧或周边坡面有洪水危害时，应在坡面与坡脚修建排洪渠。各类场地道路以及其他地面排水，应与排洪渠衔接顺畅，形成有效的洪水排泄系统。

排洪涵洞按建筑材料分一般有浆砌石涵洞、钢筋混凝土涵洞等几类。按水力流态分类，涵洞可分为无压力式涵洞、半压力式涵洞、压力式涵

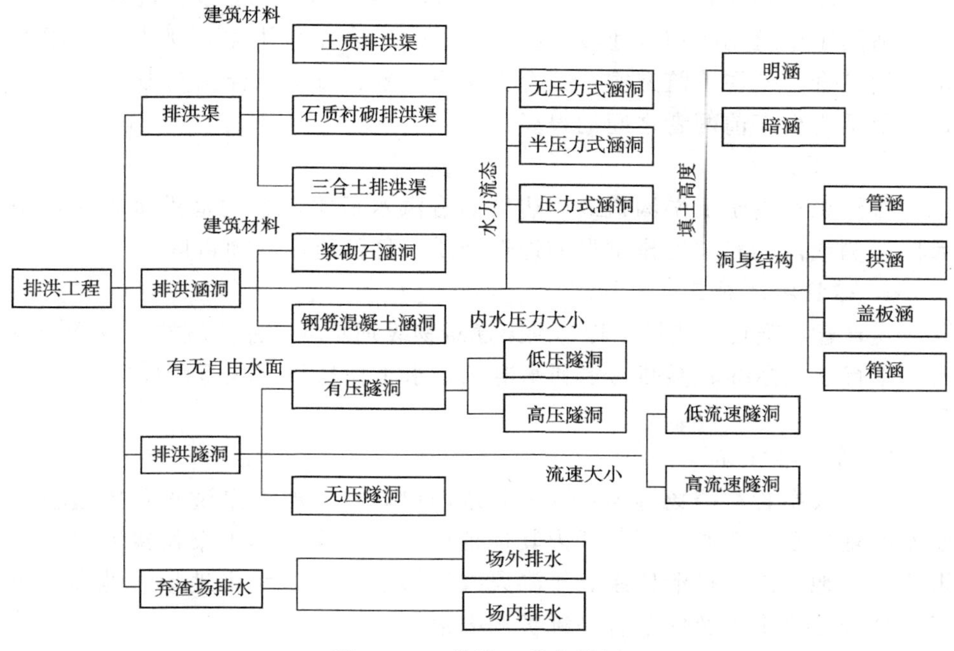

图 3-11　排洪工程分类图

洞。按填土高度，涵洞分为明涵、暗涵，当涵洞洞顶填土高度小于 0.5m 时称明涵，当涵洞洞顶填土高度大于或等于 0.5m 时称暗涵，按照洞身结构形式有管涵、拱涵、盖板涵、箱涵等类型。

排洪隧洞是主要为排泄上游来水而穿山开挖建成的封闭式输水道。隧洞按洞内有无自由水面分为有压隧洞和无压隧洞；按流速大小分为低流速隧洞和高流速隧洞；有压隧洞按内水压力大小分为低压隧洞和高压隧洞。

弃土弃渣场排水包括场外排水和场内排水，场外排水主要指河道、沟谷、弃土弃渣流域内的排水，场内排水为弃土弃渣本身含水（如疏浚工程放淤场排水）和场区坡面雨水排除。

弃渣场的排水建筑物设计应首先计算上游设计洪水及坡面洪水，按渣场布置复核渣场内和渣场外排水建筑物的排水能力、进行排水建筑物结构设计，视需要还应进行消能设计。

排洪工程设计包括排洪渠、排洪涵洞、排洪隧洞设计。

3.4.2.1　排洪渠

排洪渠可以分为以下三种：①土质排洪渠。可不加衬砌，结构简单，取材方便，节省投资。适用于渠道比降和水流流速较小且渠道土质较密实的渠段。②衬砌排洪渠。用浆砌石或混凝土将排洪渠底部和边坡加以衬砌。适用于渠道比降和流速较大的渠段。③三合土排洪渠。排洪渠的填方部分用三合土分层填筑夯实。三合土中土、砂、石灰混合比例为6∶3∶1。适用范围为介于前两者之间的渠段。

1. 适用条件

排洪渠适用于上游沟道或周边坡面有洪水危害，且沟道洪水较小，项目区一侧或两侧有布置排洪渠的地形地质条件的渣场等项目区。

2. 建筑物级别及洪水标准

生产建设项目弃渣场工程排洪渠建筑物级别及洪水标准应按行业标准执行，本行业无标准时参照《水利水电工程水土保持技术规范》(SL 575) 等确定。

3. 排洪渠布置

排洪渠布置在渣场等项目区一侧或两侧，将上游沟渠洪水及周边坡面洪水排往项目区下游。项目区内其他地面排水，应与排洪渠衔接顺畅，以形成有效地表洪水排泄体系。排洪渠线路布置应综合考虑地形、地质、施工条件和挖填平衡及便于管理维护等因素。

排洪渠在总体布置上，应保证安全排走项目区周边或上游来洪，并尽可能兼顾项目区内的排水。排洪渠渠线布置，宜走原有山洪沟道或河道。若天然沟道不顺直或因开发项目区规划要求，必须新辟渠线，宜选择地形平缓、地质稳定、拆迁少的地带。

排洪渠渠线长度应尽量短，减少弯道，最好将洪水引导至项目区下游。当地形坡度较大时，排洪渠应布置在地势较低的地方，当地形平坦时宜布置在汇水面的中间。

4. 横断面设计

(1) 断面形式。常用的横断面形式有梯形、矩形、U形和复式断面，排洪渠横断面形式及其适用条件如图3-12所示。

(2) 断面设计。断面设计应考虑渠床稳定或冲淤平衡、有足够的排洪能力、渗透损失小、施工管理及维护方便、工程造价较小等因素。排洪渠宜采用挖方渠道，一般采用梯形断面。梯形填方渠道断面，渠道顶宽1.5～2.5m，内坡坡比1∶1.5～1∶1.75，外坡坡比1∶1～1∶1.5。

断面尺寸计算。排洪渠过水断面通过计算确定。根据最大流量计算排洪渠过水断面，明渠均匀流公式计算：

$$Q=\frac{\omega R^{2/3}}{n}\sqrt{i} \tag{3-20}$$

$$R=\omega/\chi \tag{3-21}$$

式中：Q 为需要排泄的最大流量，m^3/s；R 为断面水力半径，m；i 为排洪渠纵坡；ω 为过水断面面积，m^2；χ 为湿周，m；n 为糙率，糙率选择参照表 3-23。

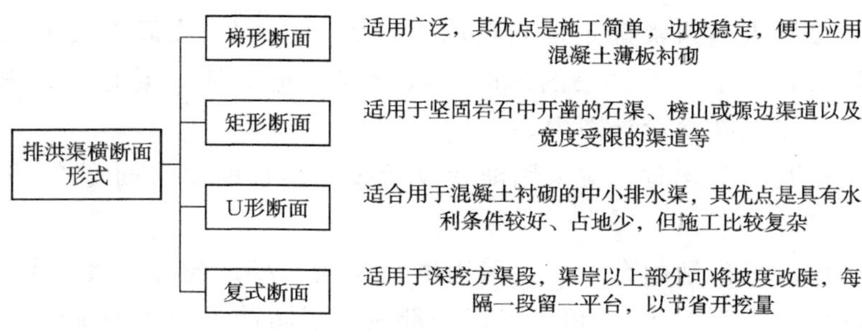

图 3-12　排洪渠横断面形式及其适用条件

表 3-23　排洪渠壁的糙率（n 值）

排洪渠过水表面类型	糙率 n	排洪渠过水表面类型	糙率 n
岩石质明渠	0.035	浆砌片石明渠	0.032
植草皮明渠 v=0.6m/s	0.035～0.05	混凝土明渠（抹面）	0.015
植草皮明渠 v=1.8m/s	0.05～0.09	混凝土明渠（预制）	0.012
浆砌石明渠	0.025		

防冲措施。当排洪渠水流流速大于土壤最大允许流速时，应采用防护措施防止冲刷。防护形式和防护材料，应根据过水断面材料性质和水流流速确定。排洪渠排水流速应控制在容许不冲刷流速之内，见表 3-24，最大允许流速的水深修正系数见表 3-25。排洪渠的最小流速应不小于 0.4m/s；排洪渠坡度较大，致使流速超过表 3-24 中数据时，应在适当位置设置跌水及消力槽，但不能设于转弯处。

表 3-24　明渠最大允许流速

明沟类别	允许最大流速/(m/s)	明沟类别	允许最大流速/(m/s)
亚砂土	0.8	浆砌块石、混凝土	3.0～5.0
亚黏土	1.0	黏土	1.5
干砌卵石	2.5～4.0	草皮护坡	1.6

表 3-25　最大允许流速的水深修正系数

水深 h/m	h<0.40	0.40<h≤1.0	1.0<h<2.0	h≥2.0
修正系数	0.85	1.00	1.25	1.40

纵坡及纵断面设计。排洪渠设计纵坡应根据曲线、地形、地质以及与山洪沟连接要求等因素确定。当自然纵坡大于1∶20或局部高差较大时，应设置陡坡式跌水。排洪渠的纵断面设计应将地面线、渠底线、水面线、渠顶线绘制在纵断面设计图中。

排洪渠断面变化时，应采用渐变段衔接，其长度取水面宽度变化之差的5～20倍。

排水渠进出口平面布置。宜采用喇叭口或八字形导流翼墙，导流翼墙长度可取设计水深的3～4倍。出口底部应设置防冲、消能等设施。

安全超高。排洪渠的安全超高可参照下表确定，在弯曲段凹岸应考虑水位壅高的影响，见表3-26。

表 3-26　排洪渠建筑物安全超高

排洪渠建筑物级别	1	2	3	4	5
安全加高/m	1.0	0.9	0.7	0.6	0.5

排洪渠弯曲段弯曲半径。排洪渠弯曲段弯曲半径不应小于最小允许半径及渠底宽度的5倍。最小允许半径按下式计算：

$$R_{min}=1.1v^2\sqrt{A}+12 \qquad (3-22)$$

式中：R_{min}为最小允许半径；v为渠道中水流流速，m/s；A为渠道过水断面面积，m^2。

(3) 衬砌材料。排水渠衬砌及护面的主要作用是减少渠道糙率，加大流速，增加排洪能力，防止渠道冲刷破坏。

常用的衬砌及护面材料：混凝土、浆砌石、砖及灰土、水泥砂浆等。

1) 混凝土衬砌。广泛采用板形结构，其边坡截面有矩形、楔形、肋形、中部加厚形等。矩形板适用于无冻胀地区的渠道；楔形板、肋形板适用于有冻胀地区的渠道。混凝土衬砌厚度与施工方法、气候因素、渠道断面大小及混凝土强度等级有关。混凝土强度等级一般为C10、C15。现浇接缝少，适用于挖方渠道；预制安砌适用于填方渠道。现浇混凝土比预制安砌的厚度大，有冻胀破坏地区的渠道衬砌厚度比无冻胀破坏地区的要厚一些，阴坡的比阳坡的略厚一些。现浇混凝土衬砌厚度一般为3～15cm，当水流含推移质泥沙较多且颗粒大时，应考虑增加磨损厚度。预制板一般厚度为5～10cm，在无冻胀破坏地区可采用4～8cm。预制混凝土板的大小，按安砌容易搬动、施工方便考虑确定，最小为50cm×50cm，最大为100cm×100cm。为适应温度变化、冻胀基础不均匀沉陷等原因引起的变形，需要留伸缩缝，纵向缝一般设在边坡与渠底连接处。横向缝间距：衬砌厚度5～7cm时，为250～350cm；衬砌厚度8～9cm时，为350～400cm；衬砌厚度不小于10cm时，为400～500cm。

2）浆砌石衬砌。浆砌石衬砌具有就地取材、施工简单、抗冲、抗磨、耐用等优点。石料有卵石、块石、条石、石板。

浆砌石衬砌及护面的防渗、防冲效果均较好。单层厚度一般为25～30cm，用M5、M10水泥砂浆砌筑。伸缩缝间距为20～50m；缝宽为3cm左右，以沥青砂浆灌注。

糙率n值一般为0.0225～0.0275；单层衬砌允许流速为2.5～4.0m/s，双层浆砌允许流速为3.5～5.0m/s。最大抗冲能力为6～8m/s。

勾缝一般采用比砌筑砂浆高一级强度等级的砂浆。

3）砖衬砌。①普通黏土砖衬砌。普通黏土砖只使用于不结冰地区，水泥砂浆强度等级不低于M10。②特制砖衬砌。目前特制砖有陶砖和釉砖两种。上了釉面的陶砖（缸砖）烧结及机械性能好（抗压强度一般低于400kg/cm^2），抗冻性能好，耐久性高，吸水率低，糙率小（n=0.013～0.015）。③浸沥青砖衬砌。将烧成的砖刷除表面的尘垢后立即放入200号沥青锅内挂面，并除去气泡；挂面厚2mm，出锅后放在沙堆中滚翻，使表面均匀黏一层沙；施工时用沥青砂浆作胶结材料，并用来勾缝。

3.4.2.2 排洪涵洞

1. 适用条件

涵洞适用于填土（渣土）下面有排洪排水要求的情况。

2. 涵洞组成

涵洞由进口、洞身和出口建筑物三部分组成，进口建筑物由进口翼墙（护锥）、护底和涵前铺砌构成。洞身位于填土（渣土）下面，是涵洞过水的主要部分。涵洞出口建筑物由出口翼墙（椎体）、护底和出口防冲铺砌或消能设施构成。通常无压缓坡涵洞出口流速不大，故出口常做一段防冲铺砌。涵洞出口流速较大，需设消能设施。

3. 涵洞分类

排水涵洞分类如图3-13所示。

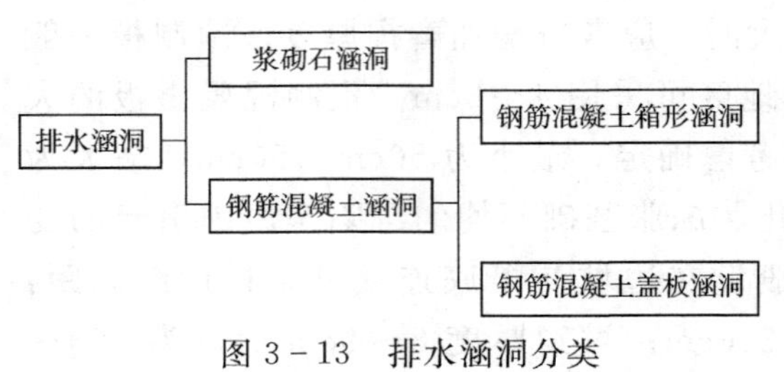

图 3-13 排水涵洞分类

浆砌石拱形涵洞。其底板和侧墙用浆砌块石砌筑，顶拱用浆砌粗料石砌筑。当拱上垂直荷载较大时，采用矢跨比为1/2的半圆拱，当拱上荷载较小时，采用矢跨比小于1/2的圆弧拱。

钢筋混凝土箱形涵洞。其顶板、底板及侧墙为钢筋混凝土整体框形结构，适合布置在项目区内地质条件复杂的地段，用于排除坡面和地表径流。

钢筋混凝土盖板涵洞。涵洞边墙和底板由浆砌块石砌筑，顶部用预制的钢筋混凝土板。

4. 涵洞设计的基本资料

设计的基本资料主要包括地形资料、工程地质及水文地质资料、水文资料。

5. 设计流量标准

涵洞设计流量标准应与所属建筑工程洪水标准一致，涵洞过水流量须根据水土保持工程的建筑物规模、重要性及洪水超过标准后引起的危害程度来确定。

6. 涵洞设计内容及步骤

首先，应进行洞型、进出口形式的选择及轮廓尺寸设计；其次，结合水力设计确定涵洞进出口底高程、纵坡及孔径尺寸；再次，结合水力设计确定涵洞出口防冲铺砌或消能设施的尺寸；最后，进行涵洞洞身及进出口翼墙的结构设计及防渗防水等设计。

(1) 涵洞轴线及进出口位置确定。根据工程总体布置、地形、地质和水流等条件确定涵洞轴线及进出口位置，所选轴线位置应洞身长度短、水流流态良好、造价低，保证设计洪水宣泄时不危害附近建筑物。

(2) 涵洞水流形态选择。无压涵洞整个过水断面不能全部利用，因此，在过水流量相同时，比有压涵洞所需的孔径尺寸要大，洞身工程量也较大。但无压涵洞具有以下优点：当通过同一设计流量时，出口流速比有压涵洞低，通常只要进行简单防冲加固即可，而有压涵洞出口常需设置各种形式的消能设施；无压涵洞上游水位低于有压涵洞，这样可减少进口护砌工程量；无压涵洞由于整个涵洞不充满水流及上游水深较小，故对防渗要求也相应降低；无压涵洞断面形式选择余地大，可选用各种涵洞形式，在石料较多的地区，多采用石砌拱涵或盖板涵。综上所述，生产建设项目弃渣场工程多选用无压涵洞。

（3）涵洞进出口、洞身形式选择。

1）进出口形式选择。进出口翼墙主要有“八”字形、端墙式、平头式和走廊式四种。通常采用的翼墙形式为前两种。翼墙形式选择和基本尺寸的确定应结合进出口河槽地形、地质、水流特性及防冲加固或消能设施等因素考虑。渠（路）下涵洞进出口多采用“八”字形翼墙，其他形式的翼墙水流条件不如“八”字形翼墙好。“八”字形翼墙的长度一般应与护坦长度相同，翼墙的收缩和扩散角按水流条件确定，一般进口可取13°左右，出口可取12°左右。

2）洞身形式选择。涵洞洞型主要有盖板涵、管涵、拱涵和箱涵四种类型。在选择涵洞洞型时应考虑如下因素。

工作特点。涵洞洞型应结合不同涵洞流态工作特点进行选择。有压涵洞由于受内水压力作用和对防渗要求较高，一般不宜采用盖板涵或拱涵，而应采用圆涵或刚结点箱涵。无压涵洞一般涵前水深度较低、涵洞内和出口流速不大，多采用石砌盖板涵和拱涵等，小型涵洞或缺少石料的地方也采用圆涵。

当地材料和施工条件。建筑材料和施工条件直接影响涵洞的工程造价。洞型选择应考虑当地材料和运距等，盛产石料地区一般采用石砌拱涵或石砌盖板涵，缺乏石料的地区采用钢筋混凝土圆涵或混凝土盖板涵；洞型选择还应考虑施工条件，同一区域的涵洞，不宜采用几种不同洞型，以便集中预制和运输。

地质条件。拱涵要求有坚实的地基。刚结点箱涵具有较好的静力工作条件，当地基条件较差时可以考虑采用。

泄流能力及流量大小。当设计流量较小时，一般宜采用预制圆涵或（混凝土）盖板涵；当设计流量较大时，宜采用钢筋混凝土盖板涵或石（混凝土）拱涵。

（4）涵洞进出口底高程、纵坡及断面尺寸选择。

1）底高程及纵坡选择原则。涵洞进出口底高程及纵坡的选择是涵洞设计的重要内容之一，在选择时应考虑以下条件：①满足过水能力和选定流态的要求；②结合地形、地质等条件力求开挖量小而安全可靠；③满足进口允许水位壅高要求，考虑出口水道的高程、纵坡、水位及其变幅等因素的影响，为出口消能防冲创造有利条件。

当涵洞所处自然河床较平缓时，涵洞进出口高程及纵坡通常按自然沟底高程和纵坡进行布置，以减小开挖工程量，在这种情况下，通常是先定涵洞出口高程，然后按自然纵坡定涵洞进口高程。当涵洞所处自然河床坡度较大时，涵洞进出口高程及纵坡的选择应结合地质条件、洞内允许流速和出口消能设施等进行综合考虑。

2）断面尺寸选择原则。合理选择涵洞断面尺寸是整个涵洞设计中的重要环节，为通过同一设计流量可选择不同的断面尺寸，小的断面尺寸可使洞身工程量减小，但涵前积水将相应增高，涵内和出口流速将增大，消能或防冲设施工程量也将随之增加。由于涵前水深不同，涵洞可能呈现不同水流形态。在进行涵洞断面选择时应考虑如下因素：①应能通过设计流量，并应保证通过设计流量时洞内选定的流态；②断面应满足涵前积水深度不淹没上游农田、村屯、道路等要求，并应保证有一定安全超高；③宣泄同样流量的涵洞，单孔比多孔经济。

除考虑面洞本身的工程量外，还应考虑与不同孔径涵洞相应的引渠加固、出口消能防冲、边坡加固等工程量。合理的涵洞断面尺寸应通过几种可能方案的经济比较确定。

3）涵洞底高程、纵坡及断面尺寸的设计。涵洞底高程、纵坡及断面尺寸的设计过程，即底高程、纵坡及断面尺寸的拟定和穿插水力计算的试算过程（即水力设计）。先根据自然沟的纵坡，出口水位和涵前允许积水深度等条件，初拟进出口高程、纵坡和孔径尺寸，然后通过水力计算确定通过设计流量时的涵前积水深度、洞内和出口流速等。如果上述计算结果不符合前述底高程、纵坡及孔径尺寸选择的原则时，尚需重新拟定，并进行相应的水力计算，直至满足要求为止。

4）涵洞的水力计算。涵洞因进出口形式，洞身长短、断面形状及其尺寸、底坡、上下游水位等不同，进行涵洞水力设计时，须选择与之相应的水力计算方法。

无压涵洞水流进入涵洞后，经过一个较短的距离便达到收缩断面，其水深也经过进口水深变到收缩水深。收缩断面以后的洞中水流，将依不同的洞长和底坡等边界条件而形成各异的水面曲线流出洞外。涵洞洞身的全部长度上都具有表面压强为零的自由水面，水流的过水断面只占整个涵洞洞身断面的一部分。

洞身过流能力计算。洞身过流能力用下式计算：

$$Q=\sigma m b_k \sqrt{2g} H_0^{3/2} \tag{3-23}$$

式中：σ 为淹没系数，自由出流时，$\sigma=1$，淹没出流时，$\sigma<1$；m 为流量系数，查涵洞设计相关表；b_k 为过流断面计算宽度，m，矩形断面为洞宽，非矩形断面时 $b_k=\omega/h_k$；ω 为临界水深 h_k 相应的过流断面面积，m^2；H_0 为包括行进流速水头在内的上游总水头，m。

流速水头可由进口上游断面与收缩断面之间的能量方程式用下式求得：

$$H_0=h_c+\frac{v_c^2}{2g\varphi^2} \tag{3-24}$$

$$H_0=H+\frac{\alpha v_c^2}{2g} \tag{3-25}$$

$$\varphi=\frac{1}{\sqrt{1+\xi}} \tag{3-26}$$

式中：H、H_0 为上游水深和上游总水头，m；h_c 为进口收缩断面水深，m；v_c、α 为上游平均流速及其动能修正系数，$\alpha=1.05\sim1.1$，m/s；φ、ξ 为进口流速系数和进口局部损失系数，ξ 可在《水工计算手册（第二版）》相关表中查得。

进口段长度 L_r 计算。进口段长度 L_r 主要与洞口形式有关，几乎不受洞长的影响。可按经验公式计算。

当洞底坡 $i\approx0$ 时，

$$L_r=32\times(0.385-m)H\approx(0.8\sim2.1)H \tag{3-27}$$

$$L_r=53.3\times(0.385-m)h_k \tag{3-28}$$

当洞底坡 $i\geqslant0$ 时，

$$L_r=(420i+32)\times(0.385+63i-m)H \tag{3-29}$$

$$L_r=(680i+53.3)\times(0.385+0.63i-m)h_k \tag{3-30}$$

式中：m 为涵洞进口流量系数，一般取 $m=0.32\sim0.36$，出口平顺取大值，否则取小值；h_k 为临界水深，m。

进口水深 h_r 计算。进口水深 h_r 主要与涵洞进口边墙形式有关，h_r 随上游水深 H 增大而增大，其极限值是 $h_r=a$（a 为进口洞高）。$h_r=\tau H$，由于洞口形式不同，τ 的平均值在 0.79～0.91 之间变化。

5）涵洞进出口防冲加固及出口消能防冲设计。为保证渠（路）堤及涵洞基础的安全，必须在涵洞进出口以外一定范围内作防冲铺砌，当出口流速较大时，需采取消能防冲措施。

a）涵洞进口河槽的防冲加固。涵洞进口河槽，应根据进口的坡度、土质并结合洞口形式进行加固。当河槽坡度平缓时，一般进口冲刷力不大。仅需在进口翼墙或锥形坡间及其以外一定范围内做防冲铺砌。翼墙以外的铺砌长度一般铺至坡脚线外0.4m。因河槽坡度较大等原因，需对进口河槽略作开挖时，对开挖部分需进行铺砌，其铺砌类型应根据开挖后的地质和水流条件而定。当涵洞前开挖坡度较陡时，除岩石以外，沟底、沟槽边坡及渠或路堤坡角边沟均需采用人工铺砌加固。

b）出口河槽的防冲加固设计。涵洞出口流速往往大于出口河槽土的允许不冲流速，因此与涵洞出口相连的一段河槽就有被冲刷的危险，当冲刷严重时将危及涵洞安全。当涵洞出口流速不大于6m/s，采用加固的办法比采用消能设施经济。出口河槽防冲加固设计主要有以下内容：①铺砌种类。出口流速1.0～2.0m/s，采用干砌石铺砌；流速2.0～5.0m/s，采用浆砌石铺砌；流速大于5.0m/s，采用混凝土铺砌。②铺砌厚度。干砌片石或浆砌片石厚度均为0.35～0.5m，下设0.1m碎石垫层；对流速较小者，砌石厚度可酌情减薄，但不得小于0.25m。③铺砌长度。拱涵、箱涵出口的铺砌长度应铺至渠（路）堤坡脚线以外2.0m；圆涵出口应铺至渠（路）堤坡脚线以外1.0m。

c）涵洞洞身及进出口翼墙结构设计。涵洞洞身结构设计包括涵洞断面尺寸、荷载计算、内力计算和强度计算。涵洞洞身结构设计及进出口翼墙等结构设计可参考其他有关资料。

d）防渗防水层设计。①涵洞防渗设计。涵洞防渗布置的任务是要通过调整渗径长度进而调整渗流出逸坡降或出逸流速，以防止发生管涌或流土。主要措施有：小型涵洞，一般采用直线比例法确定所需要的不透水段长度；当涵洞的长度不满足渗径长度要求时，多采用设截水环的办法增加渗径长度。在寒冷地区，除满足基本渗径长度要求外，还往往加设截水环，以加长渗径长度，通常隔6～8m设置一道截水环。②涵洞防水层设计。为防止渗水对涵洞的溶融损坏作用，通常要求在整个涵洞的洞身上设置防水层。防水层一般可采用石灰三合土、水泥砂浆、沥青、胶泥等材料制作。

3.4.2.3　排洪隧洞

1. 适用条件

排水洞常与拦洪坝配合使用，主要用于排泄截洪式弃渣场等上游来水，适用于地质、地形条件适宜布置隧洞的沟道型弃渣场等项目。根据水力条件，排水洞可布置为有压和无压隧洞。弃渣场工程中一般采用无压隧洞。

2. 排水隧洞组成

排水隧洞由洞身、进口和出口建筑物三部分组成。进口建筑物由进口翼墙（或护锥）、护底和进口前铺砌构成。洞身位于山体内，是排水隧洞过水的主要部分。排水隧洞出口建筑物由出口翼墙（或锥体）、护底和出口防冲铺砌或消能设施构成。通常无压缓坡排水隧洞出口流速不大，故出口常做一段防冲铺砌。有压、半有压或无压陡坡排水隧洞出口流速较大，常需设消能设施。

3. 排水隧洞布置

排水隧洞平面布置首先考虑尽可能布置成短而直的洞线，且隧洞进出口位置合理，岩体边坡稳定。排水隧洞轴线位置，应根据进出口水位、水力条件、地形地质条件、洞线及其横断面尺寸等，进行技术经济比较后确定。

4. 断面设计

（1）断面形式。常用的断面形式有圆形、城门洞形、马蹄形和高拱形（或称蛋形）等。

（2）断面设计。选择隧洞的横断面形式和尺寸时，主要根据地质、施工和运用条件经技术经济比较后确定。为了施工掘进及行人的需要，横断面尺寸一般至少宽 1.5m，高 1.8m，圆形断面的隧洞，以内径不小于 1.8m 为宜。隧洞的高度 H 通常采用 1～1.5 倍隧洞的宽度。隧洞的断面形状对过水能力有一定的影响，但是在选择断面形状时并不主要决定于过水能力，而常依据地质和施工条件来确定。

初步拟定断面尺寸时采用下式估算：

无压隧洞

$$D=\left(\frac{nQ}{0.284\sqrt{i}}\right)^{3/8} \text{ 或 } B=\left(\frac{nQ}{0.336\sqrt{i}}\right)^{3/8} \tag{3-31}$$

一般泄水隧洞

$$D=0.2834\sqrt[6]{\lambda}\sqrt{Q}\approx(1.0\sim1.5)\sqrt{Q} \tag{3-32}$$

$$\lambda=\frac{8g}{C^2} \tag{3-33}$$

有压隧洞

$$\sqrt[7]{\frac{5.2Q_{max}^3}{H}} \tag{3-34}$$

式中：D、B 为圆形断面直径和矩形断面宽度，m；Q 为流量，m^3/s；H 为作用水头，m；i、n 为底坡和洞壁糙率，普通混凝土衬砌，$n=0.013\sim0.017$，喷锚衬砌，$n=0.019\sim0.027$，其他材料衬砌，查有关资料；λ 为摩阻系数；C 为谢才系数。

(3) 衬砌形式。排洪隧洞的支护与衬砌设计可参照《水工隧洞设计规范》进行。

隧洞的衬砌形式包括锚喷衬砌、混凝土衬砌、钢筋混凝土衬砌和预应力混凝土衬砌（机械式或灌浆式）。根据防渗要求，隧洞衬砌结构设计可分为抗裂设计、限制裂缝开展宽度设计和不限制裂缝开展宽度设计。根据隧洞衬砌结构的不同，考虑隧洞的压力状态、围岩最小覆盖厚度、围岩分类、围岩内水压力的能力等四项因素并通过工程类比选择隧洞衬砌形式。

参考文献

[1] 闫宾，江献玉，柴建峰，等．抽水蓄能电站弃渣场全过程管控研究［J］．水电与抽水蓄能，2021，7（3）：6-10.

[2] 张晓利．抽水蓄能电站渣场布置及防护研究［D］．杨凌：西北农林科技大学，2014.

[3] 赵泽亚．铁路建设项目弃渣场管理存在的问题和解决方案研究［D］．北京：中国铁道科学研究院，2019.

[4] 王明慧，蒋树平，张桥，等．山区高速铁路弃渣场选址分析［J］．铁道工程学报，2013，30（4）：18-20，67.

[5] 张杰，邱甜．南方山区公路项目弃渣场设置浅析［J］．亚热带水土保持，2020，32（4）：55-57.

[6] 《工程地质手册》编写委员会编．工程地质手册［M］．5版．北京：中国建筑工业出版社，2018.

[7] 李志远．短时冻土区花岗岩残积土边坡失稳机制研究［D］．福州：福州大学，2013.

第 4 章 弃渣场安全防护规定及防护体系

生产建设项目弃渣场安全管控技术是从项目规划阶段开始，到项目运营阶段，为了确保弃渣场安全可控，贯穿整个工程生命周期所进行的预防和治理各项措施的总称，包括弃渣场安全防护措施设计、施工、管理、监督、制度建设等诸多方面的内容。落实弃渣场安全防护规定，健全弃渣场防护措施体系建设，是生产建设项目弃渣场安全管控技术的重要内容。

4.1 弃渣场安全防护规定

生产建设项目弃渣场防护措施主要包括工程措施、植物措施以及临时措施等类型。参照《生产建设项目水土保持技术标准》（GB 50433）的八大类措施以及《水土保持工程设计规范》（GB 51018）中的弃渣场及拦挡工程设计要求，将弃渣场防护技术措施做以下归纳，见表 4－1。

表 4－1 弃渣场防护技术措施

弃渣场防护措施	所属措施体系	主 要 内 容
拦挡措施	工程措施	挡渣墙、拦渣堤、拦渣坝、拦渣堰
防洪排导措施	工程措施	拦洪坝，排洪渠、泄洪隧洞、截水沟、排水沟
表土保护措施	工程措施	表土剥离与回填绿化
边坡防护措施	工程措施、植物措施	挡墙、锚喷支护、砌石支护、植物护坡
土地整治措施	工程措施	改造用地，土壤改良
植物措施	植物措施	造林种草、植物护坡
临时防护措施	临时措施	临时拦挡、覆盖、排水、沉沙、临时种草
防风固沙措施	植物措施	造林固沙、沙障固沙

4.1.1 拦挡措施

拦挡措施主要有拦渣坝、挡渣墙、拦渣堤和拦渣堰。拦挡措施应根据弃土弃渣所处位置及其岩性、数量、堆高，以及场地及其周边的地形地质、水文、施工条件、建筑材料等选择相应拦渣工程类型和设计断面。

1. 拦挡措施布置应符合下列规定

（1）拦渣坝应布置在河道或沟道中渣场下游弃渣末端坡脚，拦渣坝轴线应垂直河道或沟道布置，平面走向宜顺直。

（2）挡渣墙应布置在原地形斜坡面或坡顶位置弃渣的渣场坡脚，轴线平面走向宜顺直，转折处应采用平滑曲线连接。

（3）拦渣堤应布置在河道或沟道两侧较低台地、阶地、滩地弃渣的渣场坡脚，拦渣堤宜位于相对较高的地面；拦渣堤应顺河道或沟道布置，平面走向应顺直，转折处应采用平滑曲线连接。

（4）拦渣堰类似于挡渣墙，适于地形平缓的宽阔地带，其布置应减少弃渣占地。

2. 拦渣坝设计应符合下列规定

（1）拦渣坝级别和防洪标准应依据渣场拦挡工程建筑物级别确定。

（2）拦渣坝坝型有土石坝、砌石坝等，可一次成坝或多次成坝。

（3）应根据地形地质、水文、料源、施工等条件，结合弃渣岩土组成和性质，综合分析确定拦渣坝坝型。

（4）滞洪式弃渣场拦渣坝总库容应由拦渣库容、拦泥库容、滞洪库容三部分组成。坝顶高程应按总库容在水位-库容曲线对应高程，加安全超高确定。

（5）截洪式弃渣场宜采用首建初级坝、多次成坝方案。初级坝坝高宜取8～10m，可不进行调洪计算。拦渣坝总体布置、坝型及逐级加坝应符合现行行业标准《火力发电厂水工设计规范》的有关于贮灰坝的设计规定。

（6）采用放水建筑物、涵洞、溢洪道布置方案的，应根据坝址地形地质条件、设计泄洪流量等因素，确定构筑物型式。

（7）洪水来量较小，放水建筑物、涵洞满足泄洪要求时，可不布设溢洪道。

（8）应根据坝型采用相应稳定分析方法，确定坝体断面。

3. 挡渣墙设计应符合下列规定

（1）挡渣墙级别应按弃渣场拦挡工程建筑物级别确定。

(2) 挡渣墙型式应根据弃渣堆置型式、地形、地质、降水与汇水条件、建筑材料来源等选择。

(3) 挡渣墙基底埋置深度应符合下列要求：

1) 应根据地形、地质、结构稳定和地基整体稳定等确定。

2) 基底埋置深度应根据冻结深度确定。

3) 挡渣墙应设置变形缝。挡渣墙轴线转折处、地形变化大、地质条件、荷载和结构断面变化处，应增设变形缝。

4) 作用在挡渣墙上的荷载可分为基本组合和特殊组合两类。

5) 挡渣墙断面尺寸应通过抗滑稳定、抗倾覆稳定和基底应力计算等确定，并应符合规范规定。

4. 拦渣堤设计应符合下列规定

(1) 拦渣堤工程级别和防洪标准应按弃渣场拦挡工程建筑物级别以及弃渣场拦挡工程防洪标准确定。

(2) 拦渣堤基础埋置深度应按河流冲刷深度确定。

(3) 拦渣堤顶高程应满足挡渣和防洪要求，与防洪堤起同等作用的拦渣堤堤顶高程应按设计洪水位（或设计潮水位）加堤顶超高确定。

(4) 拦渣堤稳定安全系数应符合规范规定。

5. 拦渣堰设计应符合下列规定

(1) 拦渣堰级别和防洪标准应按渣场拦挡工程建筑物级别确定。

(2) 拦渣堰根据筑堰材料可采用土围堰、砌石围堰等；当拦渣堰不受渣体压力时，可采用砖砌墙、钢板围挡等型式。

(3) 拦渣堰临水时应按拦渣堤设计要求执行，不临水时应按挡渣墙设计要求执行。

(4) 拦渣堰断面应根据堆渣高度、堆渣容量、筑堰材料，通过稳定分析确定，堰顶有交通要求时可适当加宽。

6. 拦挡措施设计基本资料应符合下列规定

(1) 气象资料应包括降水量及年内分配、气温、风速等。

(2) 地形资料应包括地面物质组成、地形图及必要测量图件等。

(3) 其他工程资料应包括工程施工组织设计和生产计划方面的相关资料。

4.1.2 防洪排导措施

防洪排导措施是根据生产建设项目在施工和生产运行实际情况，可采取拦洪坝，排洪渠、排洪涵洞、排洪暗管等排洪建筑物作为防洪排导措施。

1. 防洪排导措施布置应符合下列规定

（1）弃渣场上游沟道洪水较大，排洪渠不能满足洪水下泄时，应在沟道中修建拦洪坝调洪。拦洪坝的坝型主要根据山洪的规模、地质条件及当地材料等决定。

（2）渣场上游洪水集中时，应设置排洪建筑物，多采用排洪渠和排洪涵洞，也可采用排洪暗管。

（3）排洪建筑物进出口宜布置八字形导流翼墙，翼墙长度可取设计水深的3～4倍，集中排洪流速较大时，排洪建筑物出口应布置消能防冲设施。

（4）排洪建筑物过水断面的主要尺寸和设计水深应根据设计排水流量确定。

（5）排洪建筑物纵断面设计，应将地面线、渠底线、水面线、渠顶线绘制在纵断面设计图中。

（6）排洪渠布置应利用天然沟道，并应力求顺直。

（7）排洪渠设计纵坡应根据走向、地形、地质以及与山洪沟连接条件等因素确定。高差较大时，宜设置急流槽或跌水。

（8）排洪渠应按明渠流设计，宜采用浆砌块石或混凝土砌筑。

（9）排洪暗管每隔50～100m应设置检查井，暗管走向变化处应加设检查井。排洪渠宜按无压流设计，设计水位以上净空面积不应小于过水断面面积的15％。

（10）渣场排洪涵洞宜用无压形式。

2. 防洪排导措施设计基本资料应符合下列规定

（1）气象资料应包括降水量及年内分配、地表径流量、风速等。

（2）地形地质资料应包括地形图、地质图，水文地质、地质勘探资料等。

（3）其他工程资料应包括工程施工组织设计方面的相关资料。

4.1.3 表土保护措施

表土保护措施是将可能受到扰动和损坏的土地进行状态保护，即对由于采、挖、排、弃等作业形成的扰动土地、弃渣场等，根据立地条件采取相应的措施，包括在建设施工之前对必要的表土进行剥离，以及施工结束后，应将表土恢复到绿化或复耕区域。

1. 表土保护措施设计应符合下列规定

（1）应根据施工扰动范围内土层结构、土地利用现状和施工方法，确定剥离范围和厚度。

（2）剥离的表土应集中存放，并采取临时拦挡、苫盖、排水等防护措施。

（3）剥离的表土应用于复耕、植被恢复，也可用于其他区域的土地整治。

（4）高寒草原草甸地区，应对表层草甸进行剥离，采取专门养护措施，施工结束后回铺利用。

2. 表土保护措施设计所需基本资料应符合下列规定

（1）应有工程征占地范围内的土地利用资料、地形图。

（2）应明确征占地范围内的土壤及分布情况。

（3）应满足复耕或植被恢复措施所需覆土厚度的资料。

（4）应收集其他可能利用表土的情况及相关资料。

4.1.4 边坡防护措施

对生产建设项目因开挖、回填、弃土形成的坡面，应根据地形、地质、水文条件等因素，采取边坡防护措施。对于易发生滑坡的坡面，应根据滑坡体的岩层构造、地层岩性、塑性滑动层、地表地下水分布状况，以及人为开挖情况等造成滑坡的主导因素，采取削坡反压、拦排地表水、排除地下水、滑坡体上造林、抗滑桩、抗滑墙等滑坡整治工程。在斜坡稳定情况下，植物措施应优先布设。

1. 边坡防护措施设计应符合下列规定

（1）工程开挖、填筑、弃渣、取料等活动形成的斜坡，应根据所处位置的地形地貌、气象、水文、地质等条件，在边坡稳定的基础上，采取坡脚及坡面防护等措施。

（2）应与防洪排导措施统筹设计，在满足稳定安全的条件下，宜采取植物护坡措施，或植物与工程相结合的综合护坡措施。

（3）防护措施应和周边环境相协调。

2. 边坡防护措施设计基本资料应符合下列规定

（1）气象水文资料，应包括降水量、风速、最大冻土深度以及必要的水文资料。

（2）地形地质资料，应包括地形图、地质图，水文地质、地质勘探资料等。

（3）其他资料，应包括坡面物质组成、覆土来源、适宜的树草种等。

4.1.5　土地整治措施

土地整治措施是将扰动和损坏的土地恢复到可利用状态所采取的措施，即对扰动土地、弃渣场等改造成为可用于耕种、造林种草、水面养殖或商服用地和住宅等的状态。土地整治包括在建设施工之前对必要的表土进行剥离，待施工结束后，对需恢复为农业用地的扰动和损坏土地进行整理、覆土、深耕深松、增施有机肥等土壤改良措施，并配套必要的灌溉设施。

1. 整治措施设计应符合下列规定

（1）对项目占地范围内除建（构）筑物、场地外的扰动及裸露土地应进行整治，土地整治的主要内容包括场地清理、平整覆土等。

（2）应根据占地性质、类型和适宜性确定土地利用方向，根据扰动土地情况、覆土来源、土地利用方向等确定土地整治内容。

（3）弃土（石、渣）场表面为大粒径渣石并需恢复为耕地的，表面平整后应铺设黏土防渗层、碾压密实后厚度不小于0.3m，再覆表土。矿山排土场、尾矿库等的土地整治还应符合行业土地复垦的有关规定。

（4）采石坑、采矿塌陷凹地可进行凹填治理或改建为蓄水池、养殖塘。

2. 土地整治措施设计基本资料应符合下列规定

（1）气象水文资料，应包括降水、灌溉水源等。

（2）地形地质资料，包括地形图以及必要测量图件等。

（3）其他资料，应包括地面物质组成与覆土资料。

4.1.6　植物措施

植物措施是主要针对主体工程开挖回填区、材料堆放场区在施工结束后所采取的造林种草或景观绿化等措施。包括植物防护、封育管护、恢复自然植被以防对高陡裸露岩石边坡绿化。在降水量少难以采取有效措施绿化的，则可以采取自然恢复，或配置相应灌溉设施恢复植被。

1. 植物措施设计应符合下列规定

（1）工程扰动后的裸露土地以及工程管理范围内未扰动的土地，应优先考虑植物措施。

(2) 植物措施布局应符合生态和景观要求，涉及城镇的应与城镇绿化相结合。

(3) 植物措施设计应根据当地条件，因地制宜，适地适树（草），确定树（草）种、整地方式、栽种方法，优先采用乡土树（草）种。

(4) 干旱缺水和对植物措施要求标准高的区域应配套灌溉措施。

2. 植物措施设计基本资料应符合下列规定

(1) 气象资料应包括降水、气温等资料。

(2) 地形地质资料应包括地表坡度、地面物质组成、土壤质地、地形图以及必要测量图件。

(3) 其他资料应包括灌溉水源、表土来源以及相似地区类似工程植被建设经验、试验研究成果等。

4.1.7 临时防护措施

临时防护措施是项目施工准备期和施工期，对弃土弃渣场和临时堆料(渣、土）场等采取非永久性防护措施，主要包括临时拦挡、覆盖、排水、沉沙、临时种草等措施。

1. 临时防护措施设计应符合下列规定

(1) 临时防护措施适用于施工期间容易造成水土流失的临时堆土、取土（石、砂）场、施工场地等裸露区域，主要包括临时拦挡、苫盖、排水、沉沙、植草等。

(2) 根据地表裸露时间、区域、降雨、风速等因素选择适宜的措施类型，注重永临结合、防护效果。

2. 临时防护措施设计基本资料应符合下列规定

(1) 气象资料应包括降水、风速等资料。

(2) 其他工程资料应包括工程施工组织设计和生产计划方面的相关资料。

4.1.8 防风固沙措施

防风固沙措施是对生产建设项目在生产运行中开挖扰动地面、损坏植被，引发土地沙化，或生产建设项目可能遭受风沙危害时采取的措施。在北方沙化地区时，一般采取沙障固沙、营造防风固沙林带、固沙草带措施；黄泛区古河道沙地东南沿海岸线沙带一般采取造林固沙等措施。

1. 防风固沙措施设计应符合下列规定

(1) 沙漠、沙地、戈壁等风沙区，应采取防风固沙措施。

(2) 在流动沙丘和半固定沙丘地区，应因地制宜采取植物固沙、机械固沙、化学固沙等措施，在戈壁风蚀区宜采取砾石压盖措施。

2. 防风固沙措施设计基本资料应符合下列规定

(1) 气象资料应包括降水量及年内分配、风速与主导风向、风沙危害等。

(2) 地形资料应包括地面物质组成、地形图及必要测量图件等。

4.2　弃渣场工程防护措施体系

弃渣场防治措施体系应不仅是工程措施、植物措施、临时措施的配置组合，而且是贯穿弃渣场建设的全部周期，从项目规划阶段开始，其间进行防治水土流失，改善项目区周边景观等措施，直到弃渣场景观恢复，如图 4-1 所示。以公路建设项目为例，招标阶段应将耕地保护条款列入招标文件。合同段划分要以能够合理调配土石方，减少取、弃土场及临时用地数量为原则。慎重选址，科学布局以减少占地，保证人民生命财产安全、原有基础设施正常运行以及自身工程安全稳定，对渣场防护及恢复应超前筹划，兼顾运行。

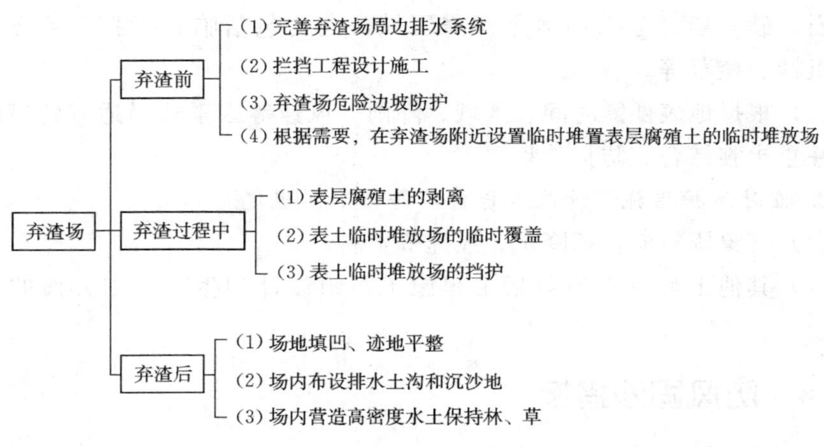

图 4-1　弃渣场全周期综合防治措施图

防治措施布设因地制宜，通过合理的堆渣，提高渣体整体稳定性；通过改变表面物质的组成、结构，提高平台土壤渗透性，减少径流的产生；

边坡应尽量减小坡度及坡长；防治措施的组合应以生物措施为主，工程措施为辅，草、灌、乔合理配置。此外，由于弃渣场随着平台和边坡不断形成，某些区段不断被后来的弃渣掩埋，故弃渣场防护措施还应注意暂时性、过渡性和永久性的区分与结合。

4.2.1 工程措施

工程措施包括拦挡措施、防洪排导措施、表土保护措施、边坡防护措施以及土地整治措施。福建省降雨集中且雨强较大，水力侵蚀严重，道路沿线土壤主要以红壤为主，土壤中有机质少，酸性强，对地表依附能力低，极易被冲刷，属山间沟谷及低山丘陵地貌，地形起伏变化大。在进行工程防护措施体系建设时重点对拦挡措施、防洪排导措施、土地整治措施以及边坡防护措施做出要求。具体工程措施体系如图 4-2 所示。

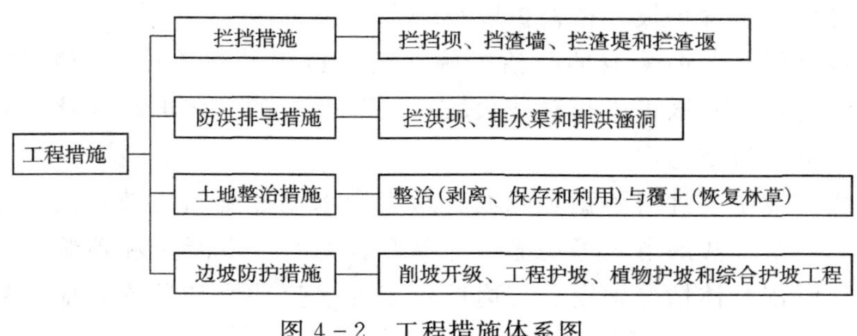

图 4-2 工程措施体系图

1. 拦挡措施

拦挡措施主要有拦挡坝、挡渣墙、拦渣堤和拦渣堰。根据弃渣堆置位置采取不同的形式：堆置于沟道内，应修建拦渣坝；堆置于台地、缓坡地上，易发生滑塌，应修建挡渣墙；堆置于河道或沟道两岸，受洪水影响，应按防洪要求设置拦渣堤；堆置于平地上，应设置拦渣堰。

2. 防洪排导措施

防洪排导措施主要用于减少降水及周边来水对弃渣的汇流冲刷，防止可能产生的水土流失灾害，根据福建多山多雨特性，其主要采用拦洪坝、排水沟和涵洞等形式。

3. 土地整治措施

土地整治措施主要是指渣场的改造，包括整治和覆土两部分。根据《中华人民共和国水土保持法》的规定，对生产建设活动所占用土地的地表土应当进行分层剥离、保存和利用。弃渣堆放时应将大粒径、透水性好的弃渣（石方）堆放在场地下部，土堆放在场上部。为避免沉陷、坍塌、滑坡等灾害，应碾压以提高其强度，压实度不得低于 85%。顶面恢复耕种，先铺一层厚度不小于 30cm 的黏土并碾压密实作为防渗层，表面根据复耕作物的种植要求，确定回铺表土的厚度。坡面一般不可耕种，按林草种植要求进行放坡整治，恢复林草。研究发现，表土回铺时应避免碾压，建议采取堆状地面的形式。弃土上覆盖耕作土更有利于植物生长，但耕作土本身抗蚀性弱，植被建植初期，相对更容易发生土壤侵蚀；也有研究发现，煤矸石覆土后，坡面产流、产沙相对于煤矸石及自燃煤矸石更大，故覆土后应立即种植先锋植物，使地表迅速覆盖，尽早形成有效防护。

4. 边坡防护措施

边坡防护措施是防止边坡滑移、垮塌，维持稳定的工程措施，主要包括削坡开级、工程护坡、植物护坡和综合护坡工程。

削坡开级是普遍采取的防治措施：削坡可以减缓坡度，消减助滑力，保持坡体稳定；开级可以相对截短坡长、改变坡型、坡度、坡比，降低荷载重心，维持边坡稳定。

工程护坡主要针对不稳定或坡脚易遭受水流冲刷的边坡，具有防止风化、碎石崩落、浅层滑坡等功能，有砌石、抛石、混凝土和喷浆等几种形式，设计时依具体情况确定。若边坡长期受水流冲刷和浸泡，应采用干砌石或铅丝石笼网；为了将渣体内水分及时排出，则不采取混凝土、浆砌石、预制块等硬护坡形式。

植物护坡即利用植物发达的根系，深入土层，使表土固结。通过植物覆盖，调节表土的湿润程度，防治风蚀；阻断地面径流，减缓冲刷。植物护坡应重点对边坡所处的地理位置、坡向、坡高、坡比、土质、土层厚度、气候及水文等情况进行详细调查分析，评价和划分立地条件类型，确定植物种及栽植方式。

综合护坡是在工程措施间隙上种植植物，不仅能增加坡面工程的强度，提高边坡的稳定性，而且具有绿化美化的生态功能。若弃土场植被退化严重，发生沟蚀与面蚀，应采用削坡开级的方法对堆渣体实施防护；对于削坡后形成的坡面，采取混凝土人字网格与植草护坡，种植高羊茅（*Festucaarundinacea*）或白三叶（*Trifoliumrepens*），在坡脚修建重力式挡渣墙，外侧种植坡柳（*Dodonaeaviscosa*）或迎春花（*Jasminumnudiflorum*）。这一措施获得了较好的防护效果，边坡基本无鳞片状面蚀发生。

4.2.2　植物措施

不同类型、部位的弃渣，植被恢复的原则、方法、侧重点都不同。以弃石、矸石及尾渣为主的弃渣需覆土或实施客土才能恢复植被。在选择树种及草种时，首先选择适应能力强的树种，对于旱、贫瘠、盐碱、毒害等不良土地因子有较强耐受力，易栽植成活；其次要生长迅速，地上部分及早覆盖地面，地下部分尽快伸展，稳固表土；最后还应具有固氮及改良土壤的能力，有助于林草后期生长和土地生产力持续提高。

根据项目区气候条件、地形地貌、土壤类型及地方水土保持经验等，弃渣场进行植被恢复应尽量恢复原貌，优先选择乡土树种和已经适应本地环境的引进种。一般东南沿海如福建地区的弃渣场植被恢复通常采用乔灌草结合的立体绿化方式。本文列出适用于南方气候条件、可作为植物措施使用的植物见表4－2。

表4－2　南方地区植物措施主要树种表

主要水土保持造林树种	马尾松、黄山松、华山松、油松、湿地松、火炬松、杉木、铁杉、水杉、柳杉、池杉、墨杉、墨柏、柏木、栓皮栎、茅栗、斟树、化香树、川桦、光皮桦、红桦、毛红桦、枫杨、青冈栎、刺槐、银杏、杜仲、旱柳、苦楝、樟树、朴树、白榆、揪树、侧柏、麻栎、小叶栎、擦木、小叶杨、黄连木、香樟、木荷、榉树、枫香、青冈栎、乌桕、喜树、泡桐、毛竹、刚竹、淡竹、茶杆竹、孝顺竹、凤尾竹、漆树
主要工程扰动土地树种	侧柏、马尾松、黄荆、油茶、青檀、香花槐、藜蒴、柔树、杨梅、黄栀子山毛豆、桃金娘、假俭草、百喜草、狗牙根、糖蜜草、铁线莲、爬山虎、五叶地锦、鸡血藤、水杉、池杉、落羽杉、樟树、木麻黄、水蓊、湿地松、榕树、大叶桉、铺地藜、芒草、南洋杉、怪柳、红树、椰子树、苏丹草、干香柏、旱冬瓜、云南松、木荷、黄连木、清香木、火棘、假丁香、任豆、象草、香根草

4.2.3　临时措施

临时措施主要包括临时拦挡、临时排水、临时覆盖和临时植物措施四种类型。

1. 临时拦挡

施工建设中，为防止施工期间边坡、松散堆体对周围造成水土流失危害，应采取临时拦挡措施。临时拦挡措施形式包括填土草袋（编织袋）、土埂、干砌石挡墙、钢（竹栅）围栏等。结合具体情况，遵循就地取材经济合理、施工便捷、实用有效等原则选定防护形式。

施工完毕后临时拦挡工程需拆除，大多数情况下为室外工程，不设建筑物级别。有特殊要求时，其设计标准需根据防护对象的规模、地形坡度、洪水及降雨等情况分析确定。

2. 临时排水

临时排水是为减轻施工期间降雨及地表径流对临时堆土（渣、料）、施工道路、施工场地及周边区域的影响，通过汇集地表径流并导引至安全地点以控制水土流失的措施。根据沟道材质，其可分为土质排水沟、砌石（砖）排水沟、种草排水沟等形式。

3. 临时覆盖

临时覆盖措施指施工期为防止水土流失及粉尘危害所采取的措施。覆盖材料可选用草袋、苫布、防尘网、密目网、塑料布及大块砾石等。种类包括草袋覆盖、砾石覆盖、苫布覆盖、防尘网覆盖、塑料布覆盖等。

4. 临时植物措施

临时植物措施包括临时种草、临时绿化等。

4.2.4　弃渣场的综合治理

4.2.4.1　弃渣场的生态修复技术

对于长期放置的弃渣场，如若不采取及时有效的生态修复措施，可能产生严重的水土流失。弃渣场生态修复需在保证渣体稳定的前提下，通过在渣脚、边坡和渣顶布设工程措施、植物措施和临时措施达到防治水土流失、改善生态环境的目的。

对于渣脚的生态修复，主要采取拦挡的措施，包括挡渣墙、拦渣堤和拦渣坝。挡渣墙用于渣脚不受洪水影响的渣场，用于支持和防护渣体以防止其失稳滑塌。拦渣堤与拦渣坝用于支撑和防护堆置于河岸边或沟道边、受洪水影响的渣场，以防止渣体变形失稳导致渣脚被水流、降雨等冲入河流造成淤塞。

对于坡面的生态修复措施，重点在于维护边坡稳定、防治水流冲刷、恢复植被以防治水土流失。主要措施有浆（干）砌石护坡、框格骨架植草护坡、雷诺护垫护坡、三维植被网护坡、生态袋护坡等。

浆砌石适用于坡比为 1∶1.0～1∶2.0 的坡面，干砌石适用于坡比为 1∶2.5～1∶3.0 的坡面；浆砌石护坡厚度一般为 25～35cm，干砌石护坡厚度通常 40～50cm；干砌石施工前需对边坡坡面进行整治并夯实。

框格骨架植灌草护坡是指采用浆砌石、混凝土等在坡面形成框架，结合铺草皮、喷播植灌草、栽植灌木、藤本植物等方法形成的一种综合护坡技术。其适用于整体稳定性较差，且前沿坡面需防护和美化的弃渣场边坡。

雷诺护垫是将低碳钢丝经机器编制而成的双绞合六边形金属网格组合的工程构件，在构件中填充石料后盖板，再将雷诺护垫面板边端用钢丝连接成一体用于边坡防护的措施。其具有柔性防护、对地基适应性强等优点，适用于生态绿化效果要求较高的渣场边坡防护。

三维植被网护坡指利用活性植物并结合土工合成材料，在坡面构建一个具有自身生长能力的防护系统，通过植被的生长对边坡进行加固的一种植物护坡措施。

生态袋护坡是利用人造土工布料制成生态袋，植被在装有土的生态袋中生长，以此进行护坡和修复环境的一种护坡技术。生态袋护坡适用于景观要求较高的渣体边坡。

弃渣场渣脚和坡面的防护措施实施后，渣场的整体安全性和稳定性得到了有效的保证，为全面地进行渣场生态修复，还需对渣顶实施土地平整并布设植物措施，通过地表植被的恢复来防治受降雨冲刷而引起水土流失。植物种类选择根据对项目区自然条件和绿化部位立地条件的分析，按照“适地适树、适地适草”的原则，选用能够迅速覆盖地表、固结土壤的乡土树草种。

4.2.4.2 弃渣场的复垦技术

弃渣场复垦要按照技术上可行、经济上合理、综合效益最佳、便于复垦的要求，综合考虑征用耕地前现状和当地耕地实际情况确定复垦的目标和技术标准。复垦后达到耕地有利于农作物的生长发育，有利于田间作业和经营管理，有利于达成弃渣场安全防护的目标。

弃渣场复垦技术标准分为 4 大类型，各项指标分别为：①地形：土地平整后田面坡度不超过 2°～3°。②土壤质量：有效土层厚度不低于 50cm，土壤比重不超过 1.45，砾石含量不超过 10%，有机质含量不低于 0.5%。③配套设施：配套田间道路、灌溉设备、田间林网。④生产力水平：3 年后达到周边同等土地利用类型水平。

弃渣场复垦之前应采取合理的控制措施，弃渣中砾石含量高的堆放于底部，土方堆放于顶部，弃渣场应达到设置的边坡和渣体碾压的要求，确保渣场稳定，并做好拦挡、截排水等工作。后采取的复垦工程技术措施如下。

1. 耕地熟化土的剥离及堆放

在工程弃渣前对征用弃渣场耕地的耕作熟化土进行剥离，就近妥善堆存，并做好水土流失防治措施。复垦后再将剥离土覆填，这样复垦后可以最大程度保持原有的土壤结构，以利于土地生产力的恢复和种植，而且也可以保护土地资源，减少复垦投资。

2. 土地平整措施

弃渣结束后，由于弃渣以土方为主，弃渣中少量的碎石不能全部清除，使土壤中粗颗粒物质增加，应采用耙犁方式剔除砾石，砾石含量不超过10%。由于弃渣的表层起伏不平，应对渣体表面进行初步整平，坑凹回填，减少渣场表面的地形起伏，然后采用人工细整平，平整后田面坡度不超过3°。

3. 田间道路、田埂设置

结合弃渣场征用耕地分块面积大小，因地制宜设置生产道路和田埂。田间道路按照复垦耕地区具体地形，采取沿沟走边的方法布设，在满足机械耕作和运输的前提下，布设在复垦耕地一侧，与现有田间道路进行连接，保证现有道路完整与畅通。田埂沿复垦地块的外边设置。

4. 耕作熟化层恢复

由于弃渣过程中施工机械碾压，土壤团粒结构差，持水、保肥能力减弱，短期内耕地很难恢复到原地表土地生产力。因此，在平整土地后进行深耕翻土，扩大作物根系体积，促使农作物根系生长健壮，向土层纵深发展，增强其吸收养分的能力。

5. 地力恢复

为了增加土壤有机质和养分含量，改良土壤性状，提高土壤肥力，通过施加有机肥、调整种植结构，以提高土壤有机质的含量，使复垦耕地中土壤有机质含量不低于0.5%，达到耕地复垦确定的标准，满足耕地生产的要求。

4.2.5　灾害区域应对措施

4.2.5.1　危险灾害区域的应对措施

弃渣场严重灾害区域的主要灾害驱动因素为人类地质工程活动、降雨暴雨及地形坡度，针对这些地区灾害频率高及灾害驱动因素较为复杂多样的特点，提出以监测、预防为主的防治对策：①提高山区群众的识灾、防灾及抗灾能力，最大限度地减少弃渣滑坡灾害所带来的人员及财产损失；②通过宏观变形观测，即观察灾害发育过程中的各类迹象，如地面裂缝、树木及房屋的倾斜等，并进行有效监测，及时发现险情，采取有效的撤离工作，减少发生灾害时带来的人员伤亡和财产损失。

4.2.5.2 一般灾害区域的应对措施

弃渣场一般灾害区域的驱动因素主要因地区差异而出现较明显的不同，据此提出：①戴云山西北地区因地形坡度高，应该对较陡的弃渣边坡进行人工处理，减小其坡度。②龙岩、古田、大田等矿产开发活动强，人类活动影响大的地区，应加强政府地质工程的管理力度，完善矿产开采工程的规范性。③闽北地区（如武夷山、光泽、浦城、邵武、顺昌等）弃渣场灾害多受降雨暴雨驱动，应修筑排水工程，如设置树状排水系统、环形截水沟等，减少降雨型滑坡的发生。

4.2.5.3 轻微灾害区域的应对措施

弃渣场轻微灾害地区的主要驱动因素是降雨暴雨，据此提出防治措施：①做好降雨暴雨预报防护，如及时清理排水通道，保持排水通畅等；②多观察弃渣场周围的地势地貌，如地面裂缝、树木和房屋的倾斜、泉水动态等，通过发现险情，及时做好疏散、撤离准备。

4.3 不同工程类型弃渣场防护体系

不同类型工程活动产生的弃渣性质不同，处理方式也不一样，把握弃渣的来源，有利于后续对弃渣进行分级分类处理。对弃渣来源进行分类，将弃渣场类型分为公路工程弃渣、铁路工程弃渣、水利工程弃渣、采矿工程弃渣，有利于根据工程建设活动类型进行全过程周期的管理。

4.3.1 水利水电工程弃渣场分类与防治措施体系

4.3.1.1 水利工程弃渣场特点

水利水电工程施工过程中，施工围堰拆除、河道疏浚、管理用房场平和道路场平等往往都会产生弃渣，根据弃渣堆放位置的地形条件，与河（沟）相对位置等，将水利水电工程弃渣场划分为沟道型、临河型、坡地型、平地型和库区型等5种类型。其中，沟道型主要指的是将弃渣放置在沟道内侧，临河型弃渣场通常摆放在底部。作业人员要明确防护渣体的防水位置，并综合考虑渣体对防洪效果产生的影响，将渣体有序的堆积于河道四周。库区型弃渣场主要指的是将渣体堆放到水库之内。与上述三种弃渣场类型不同，坡地型弃渣场要特别注意排放渣体底部，要高于防护部位河道两侧的滩位，无须考虑沟道防洪影响因素。

4.3.1.2 水利工程弃渣场分类防治措施

弃渣场防治措施分为拦挡工程、边坡防护工程、防洪排导工程、植被恢复工程和临时防护工程，不同的弃渣场防护的重点、部位以及措施类型均有所不同，具体见表4-3。

表4-3 水利水电工程弃渣场防护措施体系

类型 措施	沟道型	临河型	坡地型	平地型	库区型
土地整治工程	表土回填 场地平整复耕	表土回填 场地平整	表土回填 场地平整复耕	表土回填 场地平整复耕	表土回填 场地平整
拦挡 工程	挡渣墙 拦渣堤 拦渣坝	挡渣墙	拦渣堤	挡渣墙	拦渣堤 挡渣墙
边坡防护 工程	框格护坡浆砌 石护坡、干砌	框格护坡 干砌	浆砌石护 坡、干砌	植被护坡 综合护坡	干砌石护坡
防洪排导工程	拦洪坝 排水渠 泄洪隧洞截 水沟 排水沟	截水沟 排水沟	截水沟 排水沟	排水沟	截水沟 排水沟
植被恢复工程	种草护坡 造林种草	种草护坡 造林种草	种草护坡 造林种草	种草护坡 造林种草	种草护坡 造林种草
临时防护工程	表土剥离装 土草 袋挡墙 苫布覆盖	表土剥离 装土草 袋挡墙 苫布覆盖	表土剥离 装土草 袋挡墙 苫布覆盖	表土剥离装 土草 袋挡墙 苫布覆盖	表土剥离装 土草 袋挡墙 苫布覆盖

1. 工程措施

(1) 土地整治工程。弃渣结束后，采用人工和机器相结合的方式对堆积平台进行土地整治，回填表土30～50cm。如立地条件较好，交通条件较方便，可进行复耕。

（2）拦挡工程。弃渣采用“先拦后弃”的原则，在弃渣堆积边坡坡脚修建拦挡工程，根据弃渣量、堆放位置、地形特点以及渣场类型，设置挡渣墙、拦渣堤、拦渣坝等，拦挡工程可采用重力和半重力方式，根据当地实际情况，可采用浆砌石、干砌石或钢筋混凝土砌筑。

（3）边坡防护工程。弃渣堆积边坡坡比一般控制在1∶2.0以内，当弃渣堆积边坡坡高$H>6$m时，由坡脚处开始，由下往上每增加6m增设一个内斜式堆积平台，斜率不小于4%。根据边坡高度的情况，可适当放缓边坡坡度和增大堆积平台的宽度。边坡防护可根据坡高、坡比，以及渣体组成采用喷播草灌、撒播草籽、条播草籽进行防护，待渣体稳定，草籽长势较好后，可适当补植灌木和乔木。

（4）防洪排导工程。弃渣结束后，及时修筑弃渣场排水系统。在弃渣堆积之前，根据弃渣的占地面积和最终的堆积台面高程，在其周边修筑截（排）水沟、急流槽和沉沙池；在弃渣堆积过程中，对形成的堆积平台应及时进行整治，在平台内侧修筑浆砌石平台沟，直接与急流槽相连；对弃渣完毕后形成的堆积台面应及时进行土地整治，在堆积边坡坡顶处修筑挡水埂。排水工程防治标准应取3～5年一遇5～10短历时设计暴雨，当渣场级别3级以上时，排水标准提高至10年一遇。

2. 植物措施

弃渣结束后，对堆积平台进行植被恢复，遵循“适地适树、乡土优先、避免物种入侵”原则，注重树种的多样性、功能性和景观功能，选择耐干旱贫瘠、抗逆性强、易成活、适合粗放管理的树草种，尽量做到常绿与落叶、速生与慢生，乔、灌、草相结合。弃渣组成为弃土为主时，可采用乔草和乔灌草等配置方式；弃渣组成为弃石为主时，可采用草和灌草等配置方式。

3. 临时措施

弃渣堆置前，先将表土剥离并集中堆放。临时性弃土堆堆置高度小于3m，边坡坡比控制在1∶1.5以内；边坡坡脚采用装土草袋临时拦挡，挡土墙外围修筑排水沟，裸露面采用苫布敷盖。

4.3.1.3 水利工程弃渣场分类防治思路

在水利水电工程中由于水利工程枢纽建筑物多及输水工程建筑物位置分散，导致工程施工点多、战线长，相应弃渣堆置地点也较多。弃渣场因堆弃大量工程弃渣，形成高陡边坡、地貌形态重塑、堆积体松散等因素导致水土流失严重，在强降雨的条件下有可能产生垮塌、失事等灾害。水利工程弃渣场会引发较严重的水土流失灾害，在水重力等外应力的作用下容易产生边坡失稳、滑坡、崩塌等水土流失潜在危险，对工程运营安全造成一定的影响。水利工程弃渣场安全防治首先应尽量选择在水库上游的平地或缓坡弃渣，弃渣边坡不宜过高，尽量减小边坡坡度，控制地表径流，防止泥沙外泄；注意临时性、过渡性和永久性措施的结合，保证渣体稳定性，并尽快恢复植被，使弃渣场景观和生态尽快得以恢复。

4.3.2　铁路工程弃渣场防护措施体系

4.3.2.1　铁路工程弃渣场特点

铁路属于线性工程，弃渣量较大，水土保持方案中的弃渣场在项目可行性研究阶段确定，在后期实际施工过程中，由于线路平纵断面调整、施工进度、临时征地困难、交通运输困难，以及原方案弃渣场已被其他项目利用等原因，会导致弃渣场位置、数量有不同程度的变化。

4.3.2.2　铁路工程弃渣场防治措施

在重新选址合理可行的基础上，要做好弃渣场防护措施，且防护措施体系完整。铁路工程弃渣场水土保持措施主要包括表土剥离及回覆、土地整治、拦挡措施、截排水沟及植被恢复、边坡防护和表土临时防护措施。除去库区型弃渣场，铁路工程弃渣场防护措施体系与水利水电工程弃渣场防护措施体系相同，具体见表4-4。

表4-4　铁路工程弃渣场防护措施体系

措施＼类型	沟道型	临河型	坡地型	平地型
土地整治工程	表土回填 场地平整复耕	表土回填 场地平整	表土回填 场地平整复耕	表土回填 场地平整复耕
拦挡工程	挡渣墙 拦渣堤 拦渣坝	挡渣墙	拦渣堤	挡渣墙
边坡防护工程	框格护坡浆砌石护坡、干砌	框格护坡 干砌	浆砌石护坡、干砌	植被护坡 综合护坡
防洪排导工程	拦洪坝 排水渠 泄洪隧洞截水沟 排水沟	截水沟 排水沟	截水沟 排水沟	排水沟

续表

措施＼类型	沟道型	临河型	坡地型	平地型
植被恢复工程	种草护坡 造林种草	种草护坡 造林种草	种草护坡 造林种草	种草护坡 造林种草
临时防护工程	表土剥离装土草袋挡墙 苫布覆盖	表土剥离装土草袋挡墙 苫布覆盖	表土剥离装土草袋挡墙 苫布覆盖	表土剥离装土草袋挡墙 苫布覆盖

1. 工程措施

工程措施主要包括表土剥离及回覆、土地整治、拦渣措施、截排水沟及消能措施、拱形骨架边坡防护等。其中，表土剥离与回覆、土地整治是为后期植被恢复提供土壤条件，对提高植被覆盖率、控制水土流失有积极作用；拦渣工程、拱形骨架边坡防护、截排水沟和消能池为永久性建筑物，应根据弃渣场级别合理布设拦挡和截排水工程，确保其能持续发挥防护效果，达到有效控制水土流失目的。

(1) 表土保护问题与对策。表土是宝贵的自然资源，部分生产建设活动造成了表土资源浪费，主要表现在表土剥离意识淡薄，存在表土不剥离或剥离深度不够的现象；表土保存、防护及利用不到位。弃渣场表土剥离应遵循“先高后低、先厚后薄、先易后难”的原则，先剥离肥力高的，后剥离肥力低的；先剥离土层厚的，后剥离土层薄的；先剥离容易的地方，后剥离难度较大的地方。《水土保持工程设计规范》(GB 51018) 规定，应根据表土厚度及分布均匀程度、土壤肥力、施工条件等因素，确定表土剥离厚度，厚度可取 0.20～0.80m。从目前生产实践看，铁路建设项目华北平原区耕地、园地剥离厚度在 0.30m 左右，林地、草地在 0.20m 左右；东北地区耕地剥离厚度在 0.35m 左右，林地、荒地在 0.30m 左右。针对后期恢复方向不同，制定了各区覆土厚度的取值范围，《生产建设项目水土保持设计指南》归纳总结了不同地区的覆土厚度，其中在北方土石山区恢复为耕地覆土厚度为 0.30～0.50m，恢复为林地不小于 0.40m，恢复为草地不小于 0.30m；在东北黑土区恢复为耕地覆土厚度为 0.50～0.80m，恢复为林地不小于 0.50m，恢复为草地不小于 0.30m。施工过程中应切实按照水土保持方案进行表土剥离并集中堆放保存，有利于后期复耕、绿化等。

(2) 挡渣墙。项目在弃渣过程中，如果先弃后挡且没有分层压实、分级放坡等，会导致弃渣越堆越高，形成的堆积体极不稳定，在暴雨冲刷下或重力作用下易造成水土流失，弃方量大的情况下甚至导致边坡滑塌，可能给人身和财产安全带来损失。堆置方案设计是在弃渣场选址可行的条件下进行，并遵循先挡后弃原则。挡渣墙一般为混凝土或浆砌石结构。弃渣应石渣在下、土渣在上、分层压实。

（3）边坡防护。如果铁路项目弃渣场拱形骨架边坡防护出现损毁，则存在水土流失隐患。主要原因可能是弃渣采用倾倒方式没有分层压实，抑或压实度未达到要求，雨季过后渣体出现沉陷，严重时会导致渣体坍塌；也可能是地表植被恢复效果较差，在雨季来临时对边坡进一步冲刷，对边坡防护造成更大的破坏，带走更多的表土资源。因此，施工过程应规范弃渣堆置工艺，及时平整；对损毁的水土保持措施应及时进行修复；弃土边坡填土高度小于3m时，采用植灌草防护，填土高度超过3m时采用拱形骨架内植灌草防护。

（4）截排水沟及消能措施。沟道型、坡地型弃渣场应在周边布设截水沟，台面和平台内侧布设排水沟顺接至自然沟渠，避免由于滞水或水流集中诱发灾害，出口处地面起伏较大应设置消能设施。坡地型、沟道型弃渣场应在渣场底部设置碎石盲沟，以引排渗入弃渣场内的地下水。截排水沟设计流量应根据上游集水面积、径流系数、平均降雨强度等确定，利用公式估算洪峰流量，进而确定截排水沟断面尺寸，截排水沟满足过水需求即可。

2. 植物措施

铁路项目弃渣场部分区域植被恢复较差、植被成活率不高的主要原因在于：一是弃渣结束后未能及时进行土地整治和植被恢复；二是边坡种植乔灌草后期缺乏管理，未能及时补植，导致灌草成活率不高；三是选择的树草种不适宜在当地种植。因此，应遵循适地适树原则，优先选择具有优良水土保持作用的乡土树种，在保证成活率前提下增加植被多样性。弃渣结束后应及时平整场地，整治后种植乔灌草做好防护，后期加强抚育管理工作，保证乔灌草的成活率，增加地表植被覆盖，真正起到防止水土流失的作用。

3. 临时措施

弃渣场剥离的表土存放在渣场用地范围之内，外侧边坡采取草袋挡护坡脚的临时防护措施，堆置高度不应过高，剥离的表土堆放时应压实、洒水，由于表土堆放时间较长，容易成为水蚀源，在雨季发生水土流失，堆放期间裸露面采用密目网苫盖或撒草籽防护。此外，堆放期间应加强管理工作，设置警示牌等，防止剥离的表土被他用。

4.3.2.3 铁路工程弃渣场分类防治思路

铁路等线状开发建设项目由于呈线性分布，多穿行于河谷山川之间，弃土弃渣量多、损坏地貌植被面积较大，极易造成水土流失。应从设计、施工过程中到工程竣工后都给予充分重视、设计时尽量使挖填方平衡，提高土、砂、石料利用率；针对道路施工按挖方、填方、半挖半填等类型，分别采取护坡、挡土墙和生物措施。弃渣时严格规范堆置方案，并做好工程措施、植物措施、临时措施，保证每一处弃渣场安全，防护措施切实发挥作用。此外，弃渣场的设计还应尽可能满足当地人民群众生产需要，通过填洼造地还地于民，为民谋利造福，真正做到“来时青山绿水，走时绿水青山”。

4.3.3 公路工程弃渣场防护措施体系

4.3.3.1 公路工程弃渣场特点

公路是国家重要的基础设施之一，是经济发展对交通需求的客观反映，公路的建设对缓解区域客货运输矛盾、加快区域经济发展速度、促进地方与全国的沟通和交流有着极为重要的作用。公路工程的建设往往穿越多种地貌类型，遇到山体及坡面时需要开挖，不可避免地将产生大量弃渣，而松散堆积的弃渣在无任何防护措施或防护措施不当的情况下，极易产生水蚀、风蚀及重力侵蚀，造成严重的安全隐患和水土流失。如何合理地选择好弃渣场，搞好拦挡工程、截排水工程及覆土植被恢复是控制该类项目开发建设引发的水土流失的关键所在。

高速公路施工通常会有隧道施工阶段对于施工所在区域的生态环境会产生较大的影响，最大的影响则是隧道废渣以及地下水方面。此外，施工中需要使用大量的机械设备，会产生扬尘等固体颗粒物污染，以及产生较大的噪声污染。在隧道工程施工中存在更为严重的是对自然环境保护力度的不足，原有生态环境被严重损坏，在公路工程的建设施工完成之后不能及时对已经损坏的环境进行恢复。

4.3.3.2 公路工程弃渣场防治措施

1. *防治原则*

弃渣场的布置要结合工程区实际情况，遵循可持续发展的原则，主要内容如下。

(1) 首先考虑工程自身利用，再从实际出发进行弃渣，做到节省投资，保护环境，技术经济可行。

(2) 在考虑材料质量符合要求、运距经济合理、施工时序能衔接等条件下，尽量结合当地建设和有关规划综合利用工程弃渣，以减少永久堆渣量。

(3) 工程地处山地丘陵区，弃渣容易流失，因此，不仅要重视永久弃渣的防护，更要重视临时弃渣的防护。

(4) 永久弃渣场和临时弃渣场的布置，在考虑安全可行、容渣量满足要求、运距经济合理等基础上，尽量减少占地，少占良田，少损坏现有水土保持设施，同时根据永久弃渣场和临时弃渣场弃渣堆放形式的不同，有针对性地采取不同的防治措施。

(5) 弃渣不挤占河道，不影响行洪，不留下隐患。

2. 分级防护

除综合利用的弃渣外，对永久弃渣场和临时弃渣场需采取针对性的防护措施。

(1) 永久弃渣场。临河平地永久弃土场。根据弃渣场实际情况，弃渣前需先做好临河侧的拦挡措施，在临河侧砌筑浆砌块石挡渣墙，弃渣堆放结束后，先进行平整，再覆盖耕植土（利用渣场剥离表土），进行土地复耕。弃渣场上方有公路排水系统截流，渣场顶部可不设截排水设施。

临河坡地永久土石混合弃渣场。堆渣前需在渣场的临河低洼处砌筑浆砌块石挡渣墙。弃渣堆放结束后，先平整弃渣场，再覆盖耕植土。如果渣场可剥离表土较少，且原为坡地，故采取植被恢复措施，即坡面混植乔木和灌木以及林间撒播混合草籽等。弃渣场上方有公路排水系统截流，故渣场顶部可不设截水设施。

(2) 临时弃渣场。弃渣前沿弃渣场周边修筑临时干砌块石挡渣墙拦挡弃渣。为了保证弃渣场及其周边环境的安全，在渣体临山脚侧修建临时浆砌片石截水沟，并控制适当的沟底坡降，使弃渣场上游来水顺利排导至弃渣场下游沟道内。根据城镇建设规划的料源需求，洞渣临时堆放时间约为2年，当弃渣全部利用后，对场地进行整理，疏松表土，并恢复原有土地利用类型。

4.3.3.3　公路工程弃渣场分类防治思路

在山地丘陵区公路工程建设过程中，由于受地形等因素的影响，往往弃渣场呈多点的线状分布，若弃渣场安全防护不当，极易产生水土流失危害，故需根据不同情况采取针对性的处理方式。以公路建设施工区两侧为重点防治区域，采取系统的防治措施：弃渣场修建拦渣坝，弃渣场表面覆土造林；对影响村庄安全的，要修建护衬坝，控制危害。弃渣场规划和防护设计要做到因地制宜，弃渣的处理要遵循可持续发展原则。这样不但能防治水土流失和保护地区环境，而且能有效地减少工程造价和促进地方经济增长，体现出社会效益、经济效益和环境效益的统一。

4.3.4 采矿工程弃渣场防护措施体系

4.3.4.1 采矿工程弃渣场特点

尾矿库是指筑坝拦截谷口（山谷型）或围地（平地型）形成的、用以堆存金属或非金属矿山进行矿石选别后排出尾矿或其他工业废渣的场所。选矿产生的尾矿砂中往往添加多种化学药剂，常见的有氰化物、汞离子、铜离子、铅离子、黑药等。例如金矿的提炼常采用氰化法与混汞法，导致尾矿砂中氰化物及汞元素的含量较高，对尾矿库流域环境造成严重影响。尾矿库是维持矿山正常生产和采矿工程顺利推进必不可少的重要设施，为了避免尾矿库对周边环境造成污染，必须落实好尾矿库的环保措施和环保综合管理，如果处理不当，尾矿库受溃坝、“泄露岩溶塌陷或排洪构筑物塌陷”或渗漏、非法排放、雨水冲刷等影响，可能导致库内有毒废水、尾矿砂排入下游，造成库区流域内土壤污染风险，对区域生态环境产生影。另外，在天气干旱、少雨、大风季节，尾矿砂粉末易形成扬尘，进而污染环境。

目前采矿工程主要存在以下问题：

（1）目前在我国尾矿库的管理工作当中有许多管理人员的监管力度不够强、管理工作做得不到位，很多矿产企业的管理人员没有强烈的安全防范意识，例如国家有明确的条文规定一个矿山企业必须每三年对尾矿库进行一次全面的安全检测工作，但是绝大部分的矿山企业都没有按照规定进行操作。很多矿山企业的尾矿库都已经超出了使用寿命或者超负荷的工作，但是管理人员对此置之不理仍然还在使用，这大大增强了尾矿库的危险系数，从而增加尾矿库发生意外的次数。

（2）目前我国在尾矿库管理制度这方面还是不够完善、相关规定还不够严格，这才是让各个矿山企业管理人员松懈的根本原因。因为没有强有力的惩罚措施所以所有的管理工作人员才会如此不在乎尾矿库的安全管理工作。某些矿山企业竟然为了自身的利益而不顾尾矿库的安危，随意减少尾矿库的资金成本或者根本没有使用相关的安全设备。

(3) 目前我国尾矿库大部分的管理工作人员学历水平都比较低下，没有经历过专业知识的学习或培训，也没有丰富的经验与精湛的能力技术水平，管理人员的整体素质不高，甚至有些矿山企业的管理人员在招聘尾矿库施工人员的时候，因为建设尾矿库的地点都比较偏僻、工作条件都比较困难，所以都是以能够适应艰难刻苦的工作环境为首要招聘标准，至于技术能力都是次要条件。招聘这样缺乏专业知识与能力的施工人员，除非有相关的专业人员在现场亲自指挥操作，否则施工人员就很容易在施工的过程当中出现某些不恰当的操作或者没有遵照设计原则进行施工，一旦发生这种不正常的操作情况，就会严重影响尾矿库的建设质量。因此，这一因素是导致尾矿库发生安全事故的重要原因。

4.3.4.2　采矿工程弃渣场防治措施

尾矿库对环境影响途径主要包括 5 种，包括澄清水体的外排、尾矿库渗漏、尾矿库洪水外排、尾矿库溃坝及尾粉砂扬尘等影响。防治尾矿库污染需从根本上出发，控制好污染源外排，并保证尾矿库安全性。首先，完善尾矿库安全管理制度，注重日常管理措施，定期进行安全检查，建立汛期尾矿库管理制度等，确保坝体的安全和稳定性。其次，尾矿库中应设置相应的扬尘控制措施，选用多套分散排水技术，实现分区域排放，并添加相应的絮凝剂。最后，完善各尾矿库的排水系统，保证其排水能力，避免尾矿库区域过渡积水。对于已造成污染的区域，可采用更改用地类型的方法，比如将农业用地改为林地，降低土地类型，或者采用物理修复、化学修复、生物修复等修复手段。尾矿库的全过程防治流程如下：

(1) 完善尾矿库的数据资料。我国尾矿库数量多，规模大。尾矿库的安全运营关系到周边居民的生产生活，所以对于尾矿库的安全运营要尤为重视。目前我国关于尾矿库的数据分析不够且资料也不全面，很多人对于尾矿库的运营没有一个准确的概念，这在一定程度上会影响尾矿库的运营。所以，要不断完善尾矿库数据资料，不断丰富关于与尾矿库安全运营密切相关的内容，这样能够方便人们及时了解尾矿库运营的知识，促进尾矿库安全平稳运营，也能够在尾矿库发生事故时作出及时反应，有效应对尾矿库事故。

(2) 完善尾矿库的设计。尾矿库在建设前，要找正规的设计单位设计尾矿库，这样设计单位能根据实际设计出符合规范的尾矿库。而对于那些未经过正规单位设计的尾矿库，也要在规定的期限内补做设计。设计单位设计时必须要明确尾矿库的总体库容，以及给出筑坝的准确数据、尾矿库排洪系统等。

（3）要定时复查生产许可证。鉴于很多尾矿库在没有生产许可证和环境许可证时仍然非法运营的现状，要完善运营许可证检查机制，定时对尾矿库的安全运营生产许可证做检查，对无证非法的生产者要取缔，坚决杜绝尾矿库无证运营的情况出现。对于颁发了安全生产许可证的尾矿库要按时复核，按照尾矿库的生产标准，对于那些没有经过稳定性分析和尾矿库排洪能力检验的尾矿库，要暂时扣其生产许可证，等其按标准整改后再归还。

（4）要完善尾矿库的运营管理。要加强尾矿库的知识宣传，充分利用广播、电视、报纸等媒体宣传尾矿库的知识，让人们对其有一定的了解。其次，尾矿库运营的运营管理非常重要，要请专业的人才进行管理，重视尾矿库专业管理团队的建设。要落实安全生产责任制，将安全生产责任落实到个人，这样有利于促进尾矿库安全运营。另外，要建立尾矿库监测预警机制，一旦尾矿库事故发生时，能够及时有效地应对。

4.3.4.3 采矿工程弃渣场分类防治思路

尾矿库安全及合理排放尾砂对生态环境影响重大，尾矿库重金属带来的污染问题，一旦失事，将对下游水资源、土壤、生态环境造成严重污染。针对尾矿库引发的土壤、生态环境污染的现状进行研究，分析污染源发展的趋势，提出针对性的污染防控措施。为防止尾矿库对环境的造成影响，在具体环境影响评价实践中，必须重视尾矿库的工程概况、尾矿库的水体质量、尾矿库安全现状及尾矿库综合管理等方面。此外还要尾矿库相关的数据资料等，例如完善尾矿库的数据资料、完善尾矿库的设计、要定时复查生产许可证、完善尾矿库的运营管理。

参考文献

[1] 自然资源部地质灾害技术指导中心．全国地质灾害通报［R］．北京：自然资源部地质灾害技术指导中心，2018.

[2] 中国水土保持学会水土保持规划设计专业委员会．生产建设项目水土保持设计指南［M］．北京：中国水利水电出版社，2011：279－320.

[3] 徐乾清．中国水利百科全书［M］．北京：中国水利水电出版社，2006.

[4] 王礼先．中国水利百科全书·水土保持分册［M］．北京：中国水利水电出版社，2004.

[5] 中国大百科全书总编辑委员会．中国大百科全书·水利卷［M］．北京：中国大百科全书出版社，2002.

[6] 齐实．水土保持规划与设计［M］．北京：中国林业出版社，2016.

[7] 孙秀玲．建设项目水土保持与环境保护［M］．济南：山东大学出版社，2016.
[8] 余明辉．水土流失与水土保持［M］．北京：中国水利水电出版社，2013.
[9] 殷跃平，李滨，王文沛，等．深圳“12·20”渣土场灾难滑坡成灾机理与岩土工程风险控制研究［J］．Engineering，2016（2）：14.
[10] 吕钊，王冬梅，徐志友，等．生产建设项目弃渣（土）场水土流失特征与防治措施［J］．中国水土保持科学，2013，11（3）：118-126.
[11] 庄希澄，马崇荣．八闽水文特性［J］．水文，1993（4）：50-53.
[12] 林经纬．福建省滑坡灾害特征及驱动因素分析［J］．莆田学院学报，2015，22（5）：83-88.
[13] 豆红强，韩同春，龚晓南，等．降雨条件下考虑饱和渗透系数变异性的边坡可靠度分析［J］．岩土力学，2016，37（4）：1144-1152.
[14] 黄涛，罗喜元，邬强，等．地表水入渗环境下边坡稳定性的模型试验研究［J］．岩石力学与工程学报，2004，23（16）.
[15] 贺秀斌，张信宝．工程建设弃土弃渣水土流失7Be核素示踪监测技术［J］．水土保持通报，2006，26（6）：67-71.
[16] 罗雷，何丙辉，王锐亮．弃渣场堆渣及挡渣墙稳定性分析［J］．水土保持研究，2006（2）：253-256.
[17] 张梁，张业成．关于地质灾害涵义及其分类分级的探讨［J］．中国地质灾害与防治学报，1994（s1）：398-401.
[18] 谭立霞．GIS支持下基于支持向量机的滑坡灾害危险性评价研究［D］．长沙：中南大学，2008.
[19] 黄润秋，许强，戚国庆．降雨及水库诱发滑坡的评价与预测［M］．北京：科学出版社，2007.
[20] 刘百灵．福建省土质滑坡临灾降雨量分析［C］//地质与可持续发展——华东六省一市地学科技论坛文集．济南：山东地质学会，2003.

第5章 弃渣场安全管理技术

生产建设项目弃渣场建设和运营管理过程中坚持“依法合规、因地制宜、生态防护、一场一图”的基本原则，加强项目规划阶段、建设阶段、运营阶段等全过程管理，落实各项生态防护措施，最大限度降低生态环境破坏和水土流失，保护区域生态环境，确保弃渣场安全可控。

5.1 项目规划阶段

弃渣场规划是生产建设项目弃渣场安全管理和综合防治的基础和前提。弃渣场项目管理前期工作第一步就是编制弃渣场规划，规划经县级以上人民政府批准以后，指导今后一定时期内的弃渣场建设工作。

5.1.1 规划目标

1. 生态文明建设理念

弃渣场规划体现尊重自然、顺应自然、保护自然的生态文明理念，本着“预防为主、全面规划、综合防治、因地制宜、加强管理、注重效益”的方针，实现水土资源可持续利用。

2. 统筹兼顾、协调平衡

弃渣场是一项复杂的、综合性很强的系统工程，涉及水利、国土、农业、林业、交通、能源等多学科、多领域、多行业、多部门。编制弃渣场规划一定要坚持统筹协调的原则，协调好各方面关系，规划好弃渣场防护目标、措施和重点，最大限度地提高弃渣场防治水平和综合效益。弃渣场规划既要符合国家和地方水利综合规划及水利专项规划的要求，又要符合国家和地方的土地利用规划、生态建设规划、环境保护规划等相关的规划。

3. 分类指导的原则

我国幅员辽阔，自然、经济、社会条件差异大，水土流失范围广、面积大、形式多样、类型复杂，水利水电、火力发电及矿业等不同工程类型特点各异，防治对策和治理模式各不相同。因此，必须从实际出发，坚持分类指导的原则，对不同工程类型的弃渣场的预防和治理区别对待，因地施策、因势利导，不能“一刀切”。因地制宜、分类规划、突出重点、整体推进、分步实施，确定土地利用方向和措施总体部署，合理安排实施进度。

5.1.2 规划程序及内容

弃渣场规划的一般程序，就是在弃渣场综合调查的基础上，根据当地农村经济发展方向，合理调整土地利用结构和农村产业结构，因地制宜地配置各项弃渣场防治措施，提出各项措施的技术要求，分析各项措施所需要的劳力、物资和经费，在规划治理期限内安排好治理进度，预测规划方案实施后的效益，提出保证规划方案实施的有效措施。

1. 编制大纲

不同规划阶段的弃渣场规划，一般在工作正式启动之前，根据任务、要求，制订规划大纲。大纲要涵盖弃渣场规划工作的主要内容，作为规划工作各个环节的参照依据。

2. 弃渣场综合调查

调查分析规划范围内的自然条件、自然资源、社会经济情况、水土流失特点以及弃渣场防治工作的成就与经验

3. 土地利用规划

根据规划范围内的土地利用现状调查和土地资源评价，考虑人口发展情况和农业生产水平、发展商品经济与提高人民生活水平的需要，研究确定农村各业（农、林、牧、副、渔）用地和其他用地的数量与位置，作为部署各项弃渣场防护措施的基础。

4. 防治措施规划

根据弃渣场不同区域的防护要求，分别采取不同的防护措施。弃渣场监测规划中提出监测站点总体布局、数量、站点性质和建设进度的安排，明确监测内容、方法和监测设施。

5. 环境影响评价

根据规划区面源污染、江河水质、生态环境等环境现状，预测、评估项目实施后的环境影响，提出预防和减免对策，得出规划区环境影响评价的结论。

6. 组织管理

组织管理包括组织领导措施、技术保障措施和投入保障措施。

7. 整理规划成果

编写出规划报告，同时完成必要的附表、附图和附件。

5.2 弃渣场建设阶段

生产建设项目弃渣场建设应根据工程项目特点建立和组织实施项目的质量管理体系，编制项目质量管理计划和质量管理实施细则，通过质量控制、质量评定、弃渣场变更、弃渣的综合利用和质量验收管理等方式，有效开展建设阶段的管理工作，提高弃渣场的施工质量，减少弃渣的产生，降低弃渣场的事故风险。

5.2.1 弃渣场质量控制

工程质量管理体系一般包括各级政府及其所属的质量监督体系、设计单位和施工单位的质量保证体系、项目法人和其所聘的监理单位的质量控制体系。弃渣场因投资、机构、技术规范等多方面的原因，目前的质量管理体系尚在探索过程中，实施全面质量管理尚需一段时间。

5.2.1.1 施工质量控制的方法与程序

施工阶段的质量控制分为事前控制、事中控制和事后控制三个过程。质量控制的主要依据是有关设计文件和图纸，施工组织设计文件合同中规定的其他质量依据。

1. 质量控制方法

（1）旁站式检查。由于弃渣场施工点多而且分散，采用旁站检查主要在关键工序和关键工程点，进行现场质量控制。

（2）试验与检验控制。弃渣场工程主要是对水泥、砂、粗骨料等材料的性能做试验，经试验各项指标未达到设计要求的，施工中不能使用。对植物措施的材料要进行抽检，达不到设计规格的，不能在工程中使用。

（3）指令性控制。对发现质量问题的，监理工程师应以书面形式及时通知施工方，要求其改正。

（4）抽样检验控制。对弃渣场较多的工程采用抽样方法，检验其施工质量。

2. 质量控制程序

（1）开工条件的审核。

（2）施工过程中的检查和检验。

(3) 工程完工后的交工签认。

5.2.1.2　弃渣场施工工序质量控制

1. 弃渣场施工工序

(1) 表土剥离。施工前先将渣场底部进行清表、整平，斜坡地段顺坡面挖出台阶，将剥离表土单独堆放，并采取临时措施防止水土流失，弃渣后将原剥离的表土覆盖于弃渣表面。

(2) 先挡后弃。渣场底部整平后按设计要求布设底部排水系统，并施作防护挡墙。

(3) 分层弃渣。弃渣时采用台阶法分层弃渣，一层填满后再弃上层。

(4) 刷坡覆土。弃渣完成后对弃渣进行整平、刷坡处理；刷坡整平的同时弃渣场周边做截水沟，截水沟按汇水面积大小设置；整平、刷坡完成后采用清淤弃土或存放的剥离的地表土进行覆盖；覆土后场地需再次平整，并做相应的排水设施。

(5) 复垦复绿。原土地为耕地的进行复耕，原土地非耕地的进行复绿。

2. 工序质量分析及控制

工序质量分析及控制的作用是：对经常会发生质量问题的工序进行调查，进而采取对策措施；建立工序质量控制流程，明确工序质量控制的重点和难点；对工程质量出现的问题，分析规律，找出其原因，进行改进试验，落实整改技术措施；对影响工序质量的因素在过程中进行有效控制。

5.2.2　弃渣场质量检验与评定

为了控制和提高弃渣场的施工质量，通过统一质量检验及评定方法，实现质量评定标准化、规范化。

5.2.2.1　弃渣场工程质量检验

1. 一般规定

(1) 计量器具应具备有效的合格证书和鉴定证书。

(2) 检测人员应熟悉检测业务，了解检测对象和仪器设备性能，并经考核合格，持证上岗。

(3) 施工单位应建立完善的质量保证体系。建设单位、监理单位应有相应的质量检查机构和健全的管理制度。

(4) 施工单位应按照规范的要求全面进行自检，并做好施工记录。

(5) 监理单位应根据规范复核工程质量。

(6) 质量监督机构实行以抽查为主的监督制度。抽查结果应及时公布。

2. 质量检验

工程质量检验包括施工准备检查，质量事故检查及工程外观质量检验等程序。

3. 质量事故检查和处理

(1) 质量事故发生后，应按事故原因不查清不放过、事故责任者未受到教育不放过、处理措施不落实不放过原则（即“三不放过”），调查事故原因，研究处理措施，查明事故责任者，并根据国家有关法规处理。

(2) 一般质量事故，由施工单位进行调查提出处理意见，经建设单位、监理单位同意后实施。由建设单位将事故调查、处理情况书面报质量监督单位核备。

(3) 重大质量事故，由建设单位会同质量监督机构组织监理、设计、运营管理及施工单位共同调查，分析事故原因，明确责任，研究提出处理方案，报主管部门批准后，由施工单位实施，并将事故调查及处理情况报上级主管部门和上一级质量监督机构核查。事故处理后，应按照处理方案的质量要求进行检测和评定。

(4) 质量事故处理后的工程质量，应符合合格标准。

4. 数据处理

(1) 测量误差的判断和处理、数据保留位数、数值修约应符合国家和行业的现行规定。

(2) 检验和分析数据可靠性时，应符合下列要求：

1) 检查取样应具有代表性。

2) 检验方法及仪器设备应符合国家及行业规定。

3) 操作应准确无误。

(3) 实测数据是评定质量的基础资料，严禁伪造或随意舍弃检测数据。对可疑数据，应检查分析原因，并做出书面结论。

5.2.2.2 弃渣场质量评定

1. 质量评定的依据

(1)《水土保持工程质量评定规程》(SL 336)，国家及行业有关施工规程、规范及技术标准。

(2) 经批准的设计文件、施工图纸、设计变更通知书、厂家提供的说明书及有关技术文件。

(3) 工程承发包合同中采用的技术标准。

（4）工程试运营期的试验及观测分析成果。

2．质量评定的组织与管理

工程质量评定应在施工单位自评的基础上，由建设单位、监理单位复核报质量监督单位核定。质量事故处理后应按处理方案的质量要求，重新进行工程质量检测和评定。工程质量评定报告格式见表5-1。

表5-1　　弃渣场质量评定报告格式

工程名称		建设地点	
工程规模		所在流域	
开工日期		完工日期	
建设单位		监理单位	
设计单位		施工单位	
一、工程设计及批复情况（简述工程主要设计指标、效益及主管部门的批复文件）			
二、质量监督情况（简述人员的配备、办法与手段）			
三、质量数据分析（简述工程质量评定项目分析计算结果）			
四、质量事故及处理情况			
五、遗留问题的说明			
报告附件目录			
工程等级意见 质量监督机构负责人：（签字）（公章） 年　月　日			

5.2.3 弃渣场验收管理

弃渣场验收指的是水行政主管部门审批弃渣场项目的防护设施验收工作。弃渣场工程完工后，建设单位应当向行政验收主持单位申请防护设施行政验收。水土保持设施验收相关资料的制备由建设单位负责。

1. 验收的目的

(1) 检查弃渣场防护措施的设计和施工质量。

(2) 评价防治效果，判断是否达到国家标准规定的要求，检查是否存在安全隐患。

(3) 发现和解决遗留问题。

(4) 评价建设单位的社会责任。

2. 验收的任务

(1) 建设单位、设计单位和施工单位要分别对弃渣场防护设施进行评价，实事求是地总结各自在建设过程中的经验和教训，对质量、进度和投资进行分析。

(2) 建设单位负责办理弃渣场工程的验收和交接手续，完成弃渣场项目工程的竣工结算，完成其他善后工作。

(3) 施工单位完成扫尾和清理工作，以保证施工队伍尽快退场。

(4) 行政主管部门评价弃渣场防护设施的质量是否合格，检查档案资料及管护措施。

5.2.4 弃渣场变更

弃渣场变更手续复杂，占地面积超过 $1hm^2$ 时，需编报弃渣场变更报告、并报方案原审批单位批复，工作量较大，未报先弃的还将面临经济处罚。弃渣场选址不合理时，已产生的弃渣还需全部清理转运。弃渣场的变更问题需引起各参建单位的高度重视。

5.2.4.1 一般规定

(1) 弃渣场变更必须坚持安全、环境第一，工期第二，成本第三的原则。

(2) 施工单位认为设计单位设计的渣场运距远、施工不便、弃渣成本高，而就近弃渣，以“生米做成熟饭”为由申请变更的，一律不得同意，必须维护设计方案的权威性。

(3) 变更后的渣场选址必须符合有关法律法规和技术标准的要求。因地质问题、渣场占地无法落实、弃渣数量增多等原因，弃渣场必须变更时，渣场选址必须符合有关法律法规和技术标准的要求，不得触碰生态红线、不得对生态敏感区产生影响。按照《生产建设项目水土保持技术标准》（GB 50433）的要求，严禁在对公共设施、基础设施、工业企业、居民点等有重大影响的区域设置弃渣场，涉及河道的应符合河流防洪规划和治导线的规定，山丘区宜选择荒沟、凹地、支毛沟，平原区宜选择凹地、荒地，风沙区宜避开风口；应充分利用取土（石、砂）场、废弃采坑、沉陷区等场地；应综合考虑弃渣结束后的土地利用。

（4）设计的防护措施体系必须完善，措施设计标准不得低于原设计渣场。

5.2.4.2 弃渣场变更管理程序

（1）施工单位申请：施工单位在施工中发现设计的弃渣场无法取得用地协议、涉及生态敏感区或地质等原因弃渣后存在安全隐患时，应及时向建设单位反映，提出弃渣场变更申请并报建设单位处理。

（2）建设单位审查：建设单位收到施工单位的变更申请后，要分析施工单位提出的变更理由，变更理由成立的及时委托设计单位进行弃渣场变更设计。

（3）技术服务单位编制变更报告：技术服务单位接受委托后，要深入施工现场，分析土石方挖填方量，确定弃渣数量，在与当地村委会、施工单位协商的基础上，按弃渣场选址原则合理选定渣场、确定主要的防护措施，及时编制弃渣场变更报告书。

（4）报原水土保持方案审批单位审批。技术服务单位完成变更报告后，建设单位需及时按规定报水行政主管部门完善变更手续。

5.2.5 弃渣综合利用

《水土保持法》第二十八条规定：依法应当编制水土保持方案的生产建设项目，其生产建设活动中排弃的砂、石、土、矸石、尾矿、废渣等应当综合利用；不能综合利用，确需废弃的，应当堆放在水土保持方案确定的专门存放地，并采取措施保证不产生新的危害。法律规定的内容有两个方面：一是多余的土石方首先应综合利用。尽最大可能充分利用，尽可能不弃渣或少弃渣。因此，不能在没有考虑和落实综合利用的情况下，直接将多余土石方作为弃渣处置。二是经过综合利用，仍有部分土石方难以利用的，必须堆放在水土保持方案确定的专门存放地。

5.2.5.1 土石方平衡

土石方平衡就是要根据弃渣的组成特点与利用方向，按照主体工程的分布、进度计划与土石方产生的时间和空间，在主体工程施工设计中编制好土石方平衡利用方案，以便于实施。以山区线型建设项目、水电建设项目，两类弃渣量大、弃渣点多、弃渣时间长的建设项目为例，说明土石方平衡的设计思路和具体措施。

山区公路、铁路建设项目弃渣场，由于离线路相对较远，对主体工程安全影响较小，大都重视程度不够，易形成严重水土流失。可采取的土石方平衡优化设计：做好地质勘察及岩质分析，考虑尽量利用隧道弃渣；根据地形条件，弃废方于就近沟谷以减少运距，人工变谷地为平台，利用废方作为高路堤及陡坡路堤的反压护道以确保路堤的稳定性；将涵洞移至路基填挖交界附近，大大减少涵长及涵顶填土高度，一举多得，综合考虑了路基、涵洞和弃渣场的设计，可大幅降低工程造价；充分优化路线，尽量增加填方路基及创造路侧可利用的空间，对于沿线占地为荒地的路段，适当加大路基边坡，一方面使路基边坡更加稳定；另一方面加大了利用隧道弃渣的量，可有效减少另找地方作为弃渣场的面积。

水电建设项目一般来说都位于山高、坡陡、水流急、河道比降大的河流上，工程弃渣难以堆放，项目前期尽可能对主体工程的推荐方案进行优化设计和综合利用，以减少弃渣量和弃渣场占地。可采取的土石方平衡优化设计：在堆石坝建设过程中，除坝基开挖的土石方可以利用外，还需大量的石方，这时就可以考虑就近利用溢洪道或引水隧洞进口处的石方弃渣，这样一方面可有效解决弃渣的出路，另一方面可减少拦河坝填筑料的开采量，避免产生新的水土流失；将拦河工程的上、下游围堰与坝体结合起来，即上游围堰作为坝体的一部分先期施工，然后再施作坝体的其他部分，下游围堰为临时建筑物，标准低、使用期段，也可直接利用主坝清基表土填筑，从而减少弃渣，还能达到节约工期、降低投资的综合效果。

5.2.5.2 弃渣资源化利用

将建设项目产生的弃渣资源化的基本思路是：一是对工程的实施特点、建设周期和弃渣种类进行综合分析调配，不仅可以在本工程项目中平衡利用，也可以就近跨项目、跨区域进行消化利用；二是根据弃渣的成分特点，就地就近合理利用。

在山区公路、铁路工程建设中，对于沿线设施的场平，应尽量考虑不挖，而采用填筑方式进行场平，而填筑可采用隧道弃渣；对有条件放坡的地方，特别是较高的填方路段，加宽路基外侧填筑、放缓坡率；对有条件填筑、风景较好的路段可设置景观台，消化部分弃渣。水电工程建设中，大量的弃渣可作为骨料用于工程建设、用于工程区周边道路等其他工程建设；水电工程建设一般会产生大面积的料场开采坑，可利用弃渣回填开采坑，维护扰动区域的边坡稳定。

多余的大量土石挖方还可以用于流域整治、荒地开垦、小城镇建设等，不断扩大耕地和城镇建设用地面积，都需要大量的土石方。同时，由于工程建成产生的移民安置问题，在移民安置过程中，新移民村的建设、移民村道路交通的建设以及移民对坡耕地的改造亦需大量的土石方量。当黄土分布区的弃渣主要为黄土时，则可主要用于填沟造地，因为黄土具有良好的耕性，经培肥后属于良好的耕种土壤；当土石山区的弃渣主要为石料时，则可开设小型石料场，加工后用于本工程或临近其他工程。

5.2.5.3　弃渣效益化

在进行弃渣跨项目、跨区域地消化利用的同时，又可将弃渣利用作为一项商业活动。通过弃渣回收利用交易平台，对弃渣进行买卖，平台上买卖双方可以实现信息共享，从而有效利用弃渣。将弃渣运送至弃渣消纳场，由消纳场对弃渣按成分、骨料粗细进行分类处理，达到生产再生骨料、再生混凝土、再生砌体构件等再利用形式。

尽管弃渣资源化的方式有很多，但是仍然有很多建设单位并不会按照水土保持方案处理弃渣，而是将弃渣交给土石方开挖承包商处理，而一些土石方承包商将弃渣偷弃至郊野、山沟、河道、水库等地。每年都有许多水土保持违法弃渣的案件。这时候，就需要由政府推动建设统一的土石资源调配中心，构建信息平台，帮助各工程项目满足“弃”和“需”的需求，实现土石方大平衡。所有建设项目，有弃渣处理和土石方资源需求的，统一由调配中心调配，并对土石方运输过程严格监管。调配中心还可以对土石资源分类存储，科学规划土石资源存储流转存储基地，并且可以将弃渣合理用于城市建设各项需求。

弃渣资源化得到了更好的保障，弃渣量的减少，可以降低渣场的安全隐患，减少水土流失、环境污染等不利影响，净化市容市貌，产生很大的环境效益和社会效益。弃渣的资源化，对社会来说是巨大的经济效益，土石资源调配中心对回收的弃渣收取合理的费用，将土石资源出售，可以创造一定的经济收益。

5.3　弃渣场运营阶段

在弃渣场运营阶段，收集弃渣场基本信息，了解弃渣场的基本情况，采用基本的监测技术及定期的现场巡查等方式，分析弃渣场的安全稳定性，预测未来发展趋势，对弃渣场的安全稳定性进行评估。对于一些大型需要重点关注的或存在安全隐患的弃渣场，还需要进行重点监测，实时监控它们的安全状况。

5.3.1 弃渣场信息管理

为了便于弃渣场的资料管理，同时能和管理系统对接，需要对弃渣场的一些基本资料整理汇编。

渣场信息是对弃渣场基本信息的直观展示，弃渣场及拦挡工程设计所需基本资料应包括下列内容：①地形测绘资料：渣场区地形、地貌及地类资料，渣场地形图。②工程地质资料：渣场区工程地质及地质勘察资料，包括地层岩性、覆盖层组成及厚度、渣场是否涉及泥石流、滑坡等不良地质情况及基础物理力学参数。③弃渣基础资料：弃渣的来源、组成、堆渣量以及弃渣的物理力学参数等资料。④水文气象资料：与渣场设防标准相应的，涉及河道、沟道的洪水流量及洪水位、流速等资料。弃渣场的信息填报见表5-2。

表5-2　弃渣场基本信息表

项目坐标		项目地形		土壤类型	
地质条件		渣场位置		弃渣场类型	
弃渣量		水土流失面积		距离重要设施距离	
坡度		堆高		扰动面积	
气候类型（降雨量分布）					
土壤侵蚀					
渣体成分					
渣场拦挡设施					
渣场截排水设施					
渣场植物措施					
项目总体布局：			弃渣场布局（1）：		
弃渣场布局（2）：			历史灾害事故及致灾因子：		
弃渣调度					
备注					

5.3.2　弃渣场监测

弃渣场监测是长期、稳定和周期性的监测分析的过程，它是一个系统的过程，通过监测获得的结果来分析弃渣场的稳定性，并预测弃渣场边坡的发展趋势，为弃渣场的安全防控提供依据。对于一些大型需要重点关注的或存在安全隐患的弃渣场，还需要进行重点监测，实时监控它们的安全状况。借助监测仪器对重点弃渣场的安全稳定情况进行实时监测，包括水土流失监测、变形监测、压力监测、降水监测等，还可以借助无人机技术对弃渣场进行辅助监测。

5.3.2.1　监测基本原则

监测的基本原则主要包括基本监测与重点监测相结合、多种方法综合运用、监测方法易操作、监测数据客观真实等。

(1) 基本监测与重点监测相结合原则。在对全部弃渣场的数量、位置、方量、表土剥离、水土流失量和防治措施落实情况等进行全面监控基础上，重点对大型弃渣场的安全稳定性进行实时监控。

(2) 多种方法综合运用原则。将常规方法和先进技术相结合，综合运用调查监测、地面观测、无人机监测及现场视频监测等多种方法，各种方法间取长补短，以实现对各种类型弃渣场的有效监测。

(3) 监测方法易操作原则。多种方法在综合运用的同时，综合考虑各种方法的适用性和经济性以简便、易操作为原则，使不同方法能充分发挥各自的最大监测功能。

(4) 监测数据客观真实原则。监测数据严格按照相关技术规范进行测定，做好原始数据记录，不编造虚构，以便监测工作具有有效的指导性，为渣场后续的稳定性评估提供数据基础。

5.3.2.2　弃渣场基本监测

弃渣场监测中，需要掌握其弃渣前的基本情况以及水土流失情况，弃渣完毕后的土地整治情况。具体监测指标包括弃渣情况（扰动面积、弃渣量等）、水土流失量等指标。

1. 弃渣情况监测

弃渣情况监测应主要采取实地量测、遥感监测、资料分析的方法。对于小型渣场的弃渣情况，可以以调查监测为主，弃渣完毕后，现场进行查看，利用皮尺、测绳等简单量测工具或使用手持GPS进行简单量测，同时查阅监理资料或与运输单位的结算单，了解其弃渣过程，并与现场调查估算的弃渣总量校核，确定弃渣量。还可以结合扰动土地遥感监测，核实其位置、数量及分布。

监测频次要求：

（1）弃渣场面积和弃渣量等不少于每月监测记录1次。

（2）正在实施的弃渣场方量、表土剥离情况不少于每10天监测记录1次。

（3）临时堆放场监测频次不少于每月监测记录1次。

（4）堆渣大于500万m^3的弃渣场应采用监控设备等开展全程实时监测。

2. 水土流失监测

为了及时掌握工程建设所引起的水土流失状况，需要对施工过程及项目运营的水土流失进行适当的监测和监控，监测方法如下。

（1）水力侵蚀土壤流失量应根据监测区域的特点、条件和降雨情况，选择不同方法进行观测，统计每月的土壤流失量。常用的土壤流失量的监测方法包括小区法、测钎法、侵蚀沟量测法、集沙池法、控制站法和微地形测量法。

1）小区法适用于扰动面、弃渣等形成的稳定坡面的土壤流失量监测，不适用于纯弃石堆积物坡面，按照设计频次或每次降雨后测量泥沙集蓄设施中的泥沙量，应分别采用下式计算土壤流失量。

$$S_T=\rho_s S h_s(1-W_w)\times 10^6 \tag{5-1}$$

$$S_T=\rho S h_w\times 10^6 \tag{5-2}$$

式中：S_T为小区土壤流失量，g；ρ_s为泥沙密度，g/cm^3；S为泥沙集蓄设施底面面积，m^2；h_s为沉积泥沙的平均厚度，m；W_w为沉积泥沙含水量；ρ为含沙量，g/cm^3；h_w为泥沙集蓄设施水深，m。

2）简易水土流失观测场法也称测钎法，可适用于开挖、填筑和堆弃形成的、以土质为主的稳定坡面土壤流失量简易监测。按照设计频次观测钉帽距地面的高度变化，土壤流失量可采用下式计算。

$$S_T=\gamma_s SL\cos\theta\times 10^3 \tag{5-3}$$

式中：S_T为土壤流失量，g；γ_s为土壤容重，g/cm^3；S为观测区坡面面积，m^2；L为平均土壤流失厚度，mm；θ为观测区坡面坡度，(°)。

3）简易坡面量测法也叫侵蚀沟量测法，适用于暂不扰动的临时土质开挖面、土或土石混合及粒径较小的石砾堆垫坡面的土壤流失量测定，按设计频次量测侵蚀沟长，土壤流失量可采用下式计算。

$$V_r = \sum_{i=1}^{n}\sum_{j=1}^{m}\overline{b_{ij}h_{ij}l_{ij}} \tag{5-4}$$

$$S_T = V_r\gamma_s \tag{5-5}$$

式中：V_r 为侵蚀沟体积，m^3；$\overline{b_{ij}}$ 为侵蚀沟的平均宽度，cm；$\overline{h_{ij}}$ 为侵蚀沟的平均深度，cm；l_{ij} 为侵蚀沟的长度，cm；S_T 为土壤流失量，g；γ_s 为土壤容重，g/cm^3；i 为量测断面序号，为1，2，…n；j 为断面内侵蚀沟序号，为1，2，…，m。

4）集沙池法可适用于径流冲刷物颗粒较大、汇水面积不大、有集中出口汇水区的土壤流失量监测。按照设计频次观测集沙池中的泥沙厚度。宜在集沙池的四个角及中心点分别量测泥沙厚度，并测算泥沙密度。土壤流失量可采用下式计算。

$$S_T = \frac{h_1+h_2+h_3+h_4+h_5}{5}S\rho_s \times 10^4 \tag{5-6}$$

式中：S_T 为汇水区土壤流失量，g；h_i 为集沙池四角和中心点的泥沙厚度，cm；S 为集沙池底面面积，m^2；ρ_s 为泥沙密度，g/cm^3。

5）控制站法可适用于边界明确、有集中出口的集水区内生产建设活动产生的土壤流失量监测。每次降雨产流时应观测泥沙量、计算土壤流失量。

6）微地形测量法可适用于土质开挖面、土质或土石混合物及粒径较小的石质堆垫坡面的土壤流失量测定。可通过测量获取变化前后的微地形三维数据，对比计算流失量。

（2）受堆弃工艺及堆弃过程影响，上述方法用在弃渣场弃渣流失量的监测中，可能很难得出有效数据。为了克服这些因素的影响，需要因地制宜采取监测方法。对于坡面型和平地（面）型弃渣场来说，可以修建沉沙池（蓄水池）进行观测，也可以利用渣场修建的排水或拦挡措施进行观测。

5.3.2.3 重点渣场监测

弃渣场是一个典型的松散堆积体，在极端气候条件下很可能会引发滑坡、泥石流地质灾害。对于一个具体的生产建设项目来说，多数情况会设立多个弃渣场。受经费和成本限制，不可能每个都设立设施进行稳定性监测。并且对于一些小型弃渣场来说，其渣量相对较少，不太容易发生失稳破坏，而对于大型渣场（弃渣量>50万 m^3）和重要弃渣场（附近有基础设施或居民），由于渣量巨大，位置特殊，其发生滑坡失稳的概率相对较大，所以需要对这些渣场进行重点监测，监测的方法包括人工巡视和仪器监测，其中仪器监测指标包括变形监测、压力监测和降水量监测。

1. 人工巡视

巡视检查是边坡监测工作的主要内容，它不仅可以及时发现险情，而且能系统地记录、描述边坡施工和周边环境变化过程，及时发现被揭露的不利地质状况。项目部将坚持定时安排专人进行巡视，巡视的主要内容包括：

(1) 弃渣场边坡地表有无新裂缝、坍塌发生，原有裂缝有无扩大、延伸。

(2) 弃渣场地表有无隆起或下陷，滑坡体后缘有无裂缝，前缘有无剪口出现，局部楔形体有无滑动现象。

(3) 弃渣场排水沟、截水沟是否畅通、排水孔是否正常。

(4) 弃渣场挡墙基础是否出现架空现象，原有空隙有无扩大。

(5) 有无新的地下水露头，原有的渗水量和水质是否正常。

2. 仪器监测

(1) 变形监测。监测弃渣场施工和运营期间的稳定性，测定变形数值。根据已测出的位移数据，分析变形的原因，总结出变形规律，预告弃渣场未来的变形趋势。变形监测项目主要有弃渣场的表面变形、内部变形等监测。

1) 表面变形：表面变形观测包括垂直位移和水平位移，水平位移中包括横向水平位移和纵向水平位移。

水平位移监测可采用视准线法、前方交会法、极坐标法和 GPS 法进行，垂直位移监测可采用水准测量及三角高程测量。在渣体边坡表面设立观测测点，在附近便于对测点进行观测的地基上设立起测基点，然后再设立 2～3 个水准基点引测起测基点的高程变化。

2) 内部变形：内部变形监测内容包括垂直位移和水平位移。垂直位移监测和水平位移监测有垂向和水平分层布置方式，这两种方式可结合布置，也可单独布置。

垂向布置方式宜采用沉降仪监测弃渣场的垂直位移，宜采用测斜仪监测弃渣场的水平位移。沉降仪与测斜仪也可组合使用，同时监测弃渣场垂直与水平位移。

水平分层布置方式宜采用水管式沉降仪和引张线式水平位移计组合埋设，分别用于监测弃渣场垂直位移和水平位移。必要时，可采用水平固定式测斜仪监测弃渣场的垂直位移。

（2）压力监测。压力监测内容包括孔隙水压力、土压力等监测。孔隙水压力计可以直接测出水的压力，结合土压力监测，可以进行土体有效应力分析，作为土体稳定计算的依据。

1）孔隙水压力。孔隙水压力采用孔隙水压力计监测，当黏性土的饱和度低于95%时，宜选用带有细孔陶瓷滤水石的高进气压力孔隙水压力计。

孔隙水压力计在施工期埋设时，宜采用坑式法；在运营期埋设时，宜采用钻孔法。

2）土压力。土体压力监测，直接测定的为土体或堆石体内部的总应力（即总土压力）。根据需要可进行垂直土压力、水平土压力及大、小主应力等的监测。土体压力监测宜布置在土压力最大、工程地质条件复杂或结构薄弱部位。

3）降水量监测。采用渗压计和雨量计进行水位和雨量监测。渗压计放置于测斜孔底部来获取边坡水位变化幅度，雨量计则是布置在渣场坡顶，收集当天雨量变化数据，作为评估渣场边坡稳定性的辅助资料。

弃渣场区应至少设置一处降水量观测点。观测场地应在比较开阔和风力较弱的地点设置，障碍物与观测仪器的距离不应少于障碍物与仪器高差的两倍。降雨量观测可采用雨量器、自记雨量计、遥测雨量计、自动测报雨量计等仪器设备。

5.3.2.4　无人机应用技术

1. 无人机技术原理

近年来水土保持相关科学技术蓬勃发展，测量设备、相机等基础设备性能不断提高，遥测数据的时空分辨率提高，使得水土保持监管技术方法逐步完善，基于卫星影像的遥感调查成为实地调查和地面观测的有效补充。但卫星遥感影像的获取受到卫星运行轨道的限制，无法在第一时间获取所需影像，同时又受到天气因素影响，特别是森林预防保护区和高海拔山区终年多云多雾，导致卫星遥感成果影像优品率不高。而无人机在获取影像方面具有独特优势：无人机遥测设备应用方式灵活；无须大面积起降场地；无人机携带方便，操作简单、安全可靠，连续作业能力强；无人机飞行高度普遍低于云层高度，可拍摄高重叠率、高精度、大比例尺影像，在局部信息获取方面存在巨大优势。运用无人机开展弃渣场监测管理工作，在系统专业技术软件支持下，监管数据能够全自动、快速、高精度处理，实现航拍影像的快速拼接，精确生成正射影像、地形数据和三维点云模型，获取弃渣场监管相关指标成果。

无人机系统分硬件系统和软件系统，硬件系统是由机载系统和监控系统组成，软件系统主要用来航线规划设计、飞行控制、远程监控、数据预处理等。具体详见图 5-1。

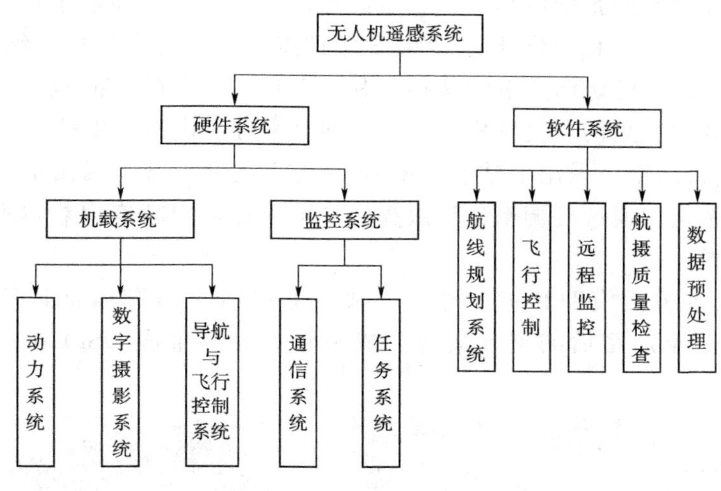

图 5-1 无人机遥感系统

2. 无人机监测的技术路线

(1) 项目区资料收集。收集航拍区的项目资料，确认潜在的施工范围。

(2) 航摄方案设计。以监测区地形图为基础，根据监测区域地形、地貌设计航摄方案。主要包括航摄比例尺、重叠度、航摄时间等。

(3) 外业工作。进行仪器调试，确保仪器能够正常工作。在航摄区域布设一定数量的地面标志，检测无人机起飞后即可野外航摄。

(4) 数据处理及解译校对。

1) 数据初始化处理。①影像拼接融合。首先，进行几何纠正，主要是针对数码相机镜头非线性畸变的纠正和针对成像时由于飞行器姿态变化引起的图像旋转和投影变形的纠正。其次，进行基于图像特征的自动配准，是指对图像间的匹配信息进行提取，在提取出的信息中寻找最佳的匹配，完成图像间的对齐。采用基于特征的方法利用图像的内部特征进行配准，其基本步骤包括特征提取、特征匹配和运动模型参数求解。用于匹配的特征主要有灰度特征、边缘特征和点特征，使全自动图像拼接成为现实，目前使用最广。最后，进行图像融合，是指在配准后对图像进行缝合并平滑边界，让图像过渡自然。几何纠正、图形配准融合后可获得区域融合影像。②空中三角测量。利用测区多幅影像连接点的影像坐标和少量的已知影像坐标及其物方空间坐标的地面控制点，通过平差计算，求解连接点的物方空间坐标与影像的外方位元素。相对定向主要是通过软件自动匹配技术提取相邻两张影像图片同名定向点的影像坐标，并输出各原始影像的像点坐标文件。利用野外实测 GPS 像控点成果，对影像进行绝对定向，生成输出平差后的定向点三维坐标。利用上述平差后的定向点三维坐标文件构建不规则三角网，设置格网间距，通过高程点内插，生成 DSM。

2）点云加密。采用上述步骤获得的空间三维点云是稀疏的，还需对其进行稠密化。通过准稠密化扩散算法，可以在一定精度内获得稠密的三维点云结果。

3）数字表面模型和正射影像生成。通过以上步骤内部运算及初始化处理，基于加密后的点云集合，成果数据最终生成 DSM 和正射影像（图 5－2）。

图 5－2　弃渣场航线设计和正射影像

4）分析比对叠加及成果输出。基于正射影像和 DSM 数据可获取目标的长度、面积、体积等信息，以及进行影像解译分析。将预处理的多幅无人机影像导入数据处理软件进行几何校正、拼接、融合后获取全景影像，通过空中三角测量功能生成区域 DEM、DOM 正射影像同时基于 DEM 和软件内部的点云差值算法加密点云后生成三维地形图。基于 AcGIS 空间分析形成直观影像，获取项目建设扰动地表面积、挖填方数量、水土保持措施数量和防护面积等相关数据，快速评价项目区水土流失量及水土保持措施实施情况。无人机监测技术流程如图 5－3 所示。

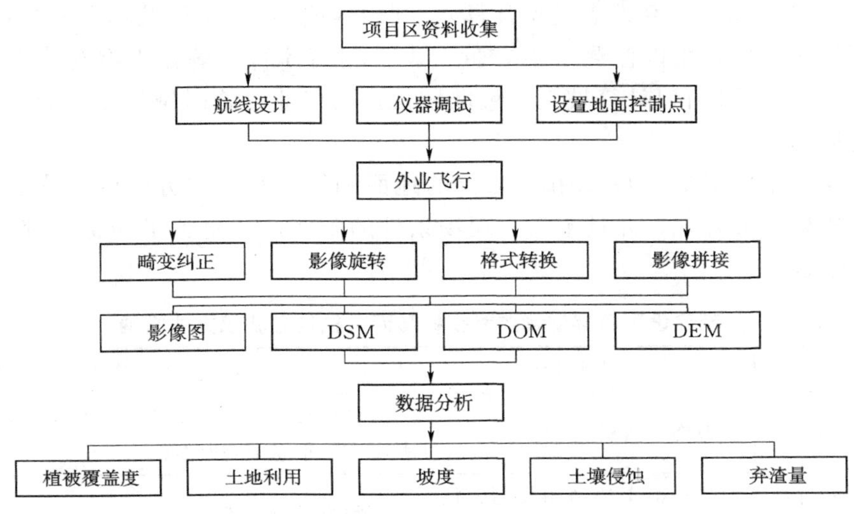

图 5-3　无人机监测技术流程图

3. 无人机监管技术

针对生产建设项目弃渣场中水土流失的特点，无人机技术可以快速监测项目建设前后的土地利用动态变化，快速地获取建设项目水土流失信息，是一种兼具实用性和快捷性的监测技术方法。无人机监管技术不仅可以综合评价水土流失防治情况，更能为生产建设项目弃渣场水土保持监测年度的监测报告、建设期监测报告和总监测报告数据的客观性和准确性提供重要的科学依据。

生产建设项目弃渣场监管内容主要包括：水土保持方案变更、水土保持措施重大变更审批情况水土保持后续设计情况；表土剥离、保存和利用情况；弃渣场选址及防护情况；水土保持措施落实情况；监测监理情况；历次检查整改落实情况；工程验收和自查初验情况等。其中需采集现场信息的监管内容主要包括扰动土地情况，弃渣场情况，水土流失情况，水土保持措施情况等。

结合无人机航拍的数据成果将与现场信息相关的监管指标和基于无人机的指标信息获取方法归纳如表 5-3。表 5-3 中除土壤流失量需要根据出口观测得到、开（完）工日期需要查询资料得到外，其他各项监测指标都可以通过无人机快速获取。无人机获取指标的方式可以归纳为三类：①人机交互勾绘或面向对象分类。以高清影像为底图勾绘图斑获取实际扰动、弃渣场、水保措施的位置、范围、尺寸、面积等。②目视观察。从高清正射影像、三维实景模型目视观察得到渣场类型、水土流失情况、水保措施等信息。③DSM（数字地表模型计算），利用两期 DSM 执行挖填方分析可以得到体积指标，用以监测堆渣方量、表土剥离体积、潜在土壤流失量等。此外，从 DSM 可以计算坡度、量取坡长，用以监测临时堆放场、弃渣场、高边坡等情况。

相对于传统基于 GPS 和全站仪的地面测绘方法，本方法的效率更高，数据成果更加直观，并且不易受现场条件的限制，也避免了和施工现场的相互干扰。

表 5-3　生产建设项目弃渣场监管指标与无人机信息获取方法归纳

监管类别	主要监管指标	无人机监管方法
扰动土地情况	范围、面积	高清影像人机交互勾绘扰动地块，从地块的空间信息上获取面积
	扰动前土地利用类型、整治方式	高清影像目视解释
	整治面积	从整治图斑的空间信息上提取
	整治后土地利用类型	高清影像目视解释
弃渣场情况	数量、位置、尺寸、面积	高清影像人机交互勾绘渣场边界统计数量，从渣场图斑的空间信息获取位置、规格、面积信息
	方量、表土剥离	通过两期 DSM 获取体积差
	类型、问题及水土流失隐患	高清影像结合三维场景目视识别
	范围外堆积物体积	通过两期 DSM 获取体积差
	水土保持措施、弃渣特点	高清影像结合三维场景目视识别
	临时堆放场坡度、坡长	根据 DSM 计算得到
水土流失情况	土壤流失面积	通过勾绘图斑获取
	土壤流失量	难以通过无人机监管
	弃渣潜在土壤流失量	通过两期 DSM 获取体积差
	水土流失危害	通过周边信息提取，获取危害描述信息； 高清影像人机交互勾绘危害的斑块从已勾绘的危害斑块上获取位置、面积等空间信息； 通过危害前后两期 DSM 数据，获取滑坡、崩塌等危害体积

续表

监管类别	主要监管指标	无人机监管方法
水土保持措施	开（完）工日期	难以通过无人机监管
	类型	从勾绘的措施图斑上获取空间信息
	位置、尺寸	高清影像目视识别
	林草覆盖度、防治效果、运行状况	高清影像结合三维模型目视判断

5.3.3 弃渣场安全稳定性评估

5.3.3.1 评估的目的任务

1. 评估目的

弃渣场安全稳定性评估的目的是根据弃渣场的前期勘察设计资料以及弃渣场现状，采用工程地质、水文地质、地质灾害等调查手段对弃渣场进行安全稳定性评估，对存在的隐患提出合理的处理建议，并为下一步工作提供参考依据。

2. 评估任务

充分收集利用已有的区域地质、工程地质、水文地质、环境地质和气象水文资料，并认真分析相关的勘察设计资料，基本查明评估区内地质环境现状、地质灾害的类型、分布、规模及危害性、弃渣场规模、成分等基本特征，在此基础上，对弃渣场进行安全稳定性调查评估，提出合理的防治措施建议。

3. 评估主要工作

(1) 收集评估区地质环境资料，调查弃渣场现状情况研究评估区范围内的气象水文、地形地貌、地层岩性、地质构造、水文地质、工程地质、环境地质条件以及人类工程活动，分析地质环境条件与弃渣场稳定性的内在联系。

(2) 结合评估区工程地质、水文地质条件与弃渣场已有设计治理措施，进行弃渣场稳定性分析、计算，对弃渣场的安全稳定性进行评估，预测弃渣场发生地质灾害的可能性。

(3) 调查评估区敏感点类型、位置，分布特征，分析其遭受弃渣场发生地质灾害的可能性的威胁及危险程度，提出弃渣场发生地质灾害的针对性防治措施建议。

5.3.3.2　评估重点

调查评估的重点是弃渣场的稳定性及其可能遭受地质灾害的影响，发生稳定性问题时对下游敏感目标的影响。

5.3.3.3　评估工作的方法与手段

1. 收集资料

主要收集的资料有：①区域地质普查报告及区域地质图；②区域水文地质普查报告及区域水文地质图；③地质灾害详细调查报告；④水文气象资料；⑤工程地质勘察资料；⑥弃渣场设计资料；⑦弃渣场地形图。

2. 现场调查

采用手持式GPS结合地形、地物等进行现场调查，调查弃渣场场地的位置、地质环境条件，基本查明弃渣场的位置、弃渣的物质成分、粒径、弃渣堆填范围、堆高、弃渣方量、现有的防护工程措施等；弃渣场地基的岩土体结构、类型，厚度等；弃渣场下游影响区的道路、村庄、农田等敏感目标。

3. 测绘

采用RTK对弃渣场的范围、形状、标高、最大堆高，周边地形等进行测绘，获得弃渣场现状地形地貌及弃渣场基本特征资料。

4. 现场航拍

结合现场调查，采用无人机对弃渣场区域的地形地貌、弃渣场范围、上下游情况、防治工程等进行全方位拍照，获得弃渣场区域的全面影像资料。

5.3.3.4　弃渣场安全稳定性分析

1. 弃渣场稳定性影响因素分析

影响弃渣场稳定性的主要因素有：地形条件，地基岩土体条件与构造，水文地质条件，弃渣堆填方式、堆填物与堆高，人类工程活动，降雨等。

(1) 地形条件。地形条件中，地形高度、坡度、形态等对弃渣场稳定性具有重要的影响。通常情况下：地形坡度越大，斜坡体坡脚的应力集中越明显，越易产生斜坡失稳；斜坡坡度越大，斜坡下滑力越大，斜坡越易产生滑坡、崩塌地质灾害，反之，平缓的地形坡度不易产生滑坡、崩塌等地质灾害：坡面形态为凸型直线型的正向坡易产生滑坡、崩塌等地质灾害，阶梯形与凹形的负向型坡不易产生滑坡、崩塌等地质灾害；上游汇水面积大降雨大量汇集，溪沟冲刷强烈，不利于斜坡稳定口小肚大的地形有利于弃渣场的稳定。

(2) 地基岩土体条件与构造。坚硬岩土体、地质构造不发育、无软弱的工程质岩土层等工程地质性能较好的场地不易产生斜坡失稳：构造发育、岩石破碎，存在软弱土（池塘淤泥、耕植土等）、软弱夹层、顺坡向的层状地层等工程地质条件对斜坡的稳定性不利。

(3) 水文地质条件。地下水不发育，为弱含水的岩土层，地表无泉点出露等水文地质条件简单的场地不易产生斜坡失稳；相反，如场地地下水发育，地下水直接出露于地表近地表形成沼泽地等湿润区域，斜坡极易产生失稳。

(4) 弃渣堆填方式、堆填物与堆高。弃渣堆填采用由下而上分层压实堆填，堆填物为碎石类土，堆放高度小，平整堆放，弃渣场相对较稳定：弃渣堆填前没有清底、无序填、堆物下细上粗，超高堆填不利于弃渣场的稳定。堆填坡度也是影响弃渣场稳定性重要因素，堆填坡度大易产生弃渣体本身局部坍塌等局部稳定及整体稳定。

(5) 人类工程活动。大量公路、铁路、水库等工程的修建，以及人为堆载等行为不可避免地会影响甚至破坏弃渣场自身的稳定性和整体结构，改变弃渣场的形状、高度和坡度以及边坡上的植被条件等。

(6) 降雨因素。降雨是影响斜坡或弃渣场稳定性的重要因素，是诱发斜坡或弃渣场失稳的主要外界因素，对斜坡或弃渣场失稳的主要影响为：①雨形成的地表水的冲刷、冲蚀作用；②雨水渗入土体或弃渣场内加大弃渣的重量，增下滑力；③下渗转化地下水时，对岩土体内部结构的潜蚀作用；④地下水位升高，增大了孔隙水压力，减少有效的正压力，从而降低滑面的抗滑力；⑤地下水对岩土体的润湿软化作用，改变土体力学强度，降低抗滑力；⑥连续大雨渗入弃渣场中，造成地下水变化，所产生的静水压力、动水压力。

以碎石类为主的弃渣场，降雨入渗弃渣体后直接沿渣体碎石间的空隙以重力下渗其下渗速度较大，到达下部转为地下水后则按地形由高往低向渣体前沿方向径流，大部分沿支挡结构的泄水孔排出渣体，极少部分向下渗入下部含水层。而以土体为主的弃渣场，降雨入渗弃渣体后通过土体的包气带缓慢下渗，其下渗速度较小，到达下部转为地下水后则按地形由高往低向渣体前沿方向缓慢径流，部分沿支挡结构的泄水孔排出渣体，少部分向下渗入下部含水层，降雨入渗渣体后在渣体内保持相当一段时间。

2. 弃渣场安全稳定性定性分析

(1) 弃渣场遭受外部地质灾害危险性分析。调查有无历史泥石流地质灾害，从现状地形条件、地质等条件综合分析弃渣场区域工程环境地质条件。

（2）弃渣场安全稳定性定性分析。根据弃渣场稳定性影响因素分析，结合弃渣场相应条件，以及野外调查的结果，进行定性分析。

3. 弃渣场安全稳定性计算分析

（1）破坏模式分析。按弃渣场破坏位置不同，变形失稳可分为以下四种：沿基底接触面的滑动、沿弃渣场地基软弱层的滑动、沿弃渣体内部的滑坡以及弃渣体外边坡表层局部坍塌和错动。

1）沿基底接触面的滑动。弃渣场基底坡角较陡，弃渣场与基底接触带之间的抗剪强度小于弃渣场的物料本身的抗剪强度时，便易产生沿基底接触面的滑。如基底有松软土层或将表土、风化层堆置在弃渣场底部形成软弱层，在遇到雨水下渗、地下水的浸润下，便会在基底接触面形成软弱滑动带。这类滑坡的主要控制因素是基底表面倾角与弃渣体间的强度指标，一般可通过堆弃方式来增强其基底表面与弃渣体之间的强度，从而排除这类滑坡的形成。

2）沿弃渣场地基软弱层的滑动。当弃渣场地基含有软弱层时，由于承载力较低，抗剪强度较小，在弃渣体自重荷载或雨水等因素共同作用下，地基产生变形破坏，沿地基软弱层的产生滑动。

在弃渣场形成过程中，随着弃渣高度的不断增加，地基荷载加大，地基荷载影响深度加深，在弃渣体自重荷载不断加大作用下，基底强度低的软弱层产生变形破坏，基底下沉或被挤压产生塑性流动挤出，引起弃渣体坐落，从而产生滑移式剪切破坏。

3）沿弃渣体内部的滑动。弃渣场地基稳固，由于弃渣体成分、性质、弃渣工艺及其他附加荷载和降雨等导致的弃渣场滑坡，其滑动面出现在边坡的不同高度。若弃渣体为大块岩石，其压缩变形较小，弃渣场比较稳定。若弃渣颗粒较小，含较多细颗粒土，并具有一定含水量时，新堆置的弃渣组合台阶坡角较陡，在自重力作用下弃渣体内部易沿渣体内的相对软弱带产生滑动，此类较常见为圆弧破坏。

4）边坡表层局部坍塌和错动。当弃渣场局部堆积坡度过大，外边坡处于极限平衡状态，继续堆积时就有可能形成坡体局部错动形成坍塌和错动。

实际上，沿弃渣体内部的滑动与边坡表层局部坍塌和错动均属于弃渣体内部的滑动问题，仅是其滑动规模的不同。

(2) 弃渣场稳定性计算方法分析。

弃渣场采用目前应用最广泛的极限平衡条分法对弃渣场进行稳定性分析。

条分法是边坡稳定性分析的常用方法。条分法是将坡体分为若干条块，将每一条块作为刚体对待，假定其处于极限平衡状态，建立平衡方程进行计算。

极限平衡法的基本特点是，只考虑静力平衡条件和土的摩尔-库仑破坏准则，通过分析岩土体在破坏瞬间力的平衡来求得问题的解。

极限平衡法一般将稳定系数定义抗剪强度的折减系数。根据对模型的简化条件，又划分为瑞典圆弧（Ordinary）法、简布（Janbu）法、毕肖普（Bishop）法、摩根斯顿-普赖斯（Morgenstern－Price）法和不平衡推力传递法等方法。

4. 弃渣场泥石流危险性分析

(1) 泥石流形成条件分析。泥石流是由于降水而发生在山区的一种挟带大量泥砂、石块等松散固体物质的地质灾害。泥石流按物质成分可分为：①由大量黏性土和粒径不等的砂粒、石块组成的叫泥石流；②以黏性土为主，含少量砂粒、石块、黏度大、呈稠泥状的叫泥流；③由水和大小不等的砂粒、石块组成的称之水石流。

按流域形态分类：①标准型泥石流：为典型的泥石流，流域呈扇形，面积较大能明显地划分出形成区、流通区和堆积区；②河谷型泥石流：流域呈有狭长条形，其形成区多为河流上游的沟谷，固体物质来源较分散，沟谷中有时常年有水，故水源较丰富，流通区与堆积区往往不能明显分出；③山坡型泥石流：流域呈斗状，其面积一般小于 $1000m^2$，无明显流通区，形成区与堆积区直接相连。

按物质状态分类：①黏性泥石流：含大量黏性土的泥石流或泥流；②稀性泥石流：以水为主要成分，黏性土含量少，固体物质占10%～40%，有很大分散性。

按物源成因分类：①坡面侵蚀型泥石流；②崩滑型泥石流；③弃土型泥石流等。

弃土型泥石流松散固体物质主要由矿山开挖、开渠、筑路等形成的弃土，是一种典型的人为性泥石流。

泥石流形成条件：必须同时具备：①物源条件：丰富的松散物质的补给；②地形条件：陡峻的地形和较大的沟床纵坡；③降雨等水流条件：有

强大的径流动力（如暴雨、融雪、坝体溃决等），短时间可形成大量水流等三个基本条件。

沟谷中的弃土转化成泥石流分两种情况：①所在沟谷上游已经形成泥石流，弃土作为补充物源参与泥石流运动；②弃土作为物源启动形成泥石流。因此，自然条件下弃渣场所在沟是否为泥石流沟及其活动的活跃程度，以及上游沟谷汇水对弃渣场的影响程度，直接影响弃土体能否转化成泥石流。

弃土体由粗细混杂的碎石、块石、砂等组成，结构松散，堆弃于谷坡中，成为泥石流的形成的物源条件。

在强降雨条件下，坡面径流短时间快速向沟谷汇集，沟谷地表水流汇集迅速，冲蚀松散弃土体与斜坡岩土体，将其携带迅速下泄汇集于沟谷形成夹沙洪流。同时，弃土体地基在降雨入渗后强度下降，易产生整体失稳，弃土体本身也在降雨下可能导致局部崩塌和滑坡的产生，为泥石流提供物源补给。因此，在降雨条件下，堆填于谷坡、沟谷中的弃土体易成为泥石流的物质来源，形成泥石流地质灾害。

（2）弃渣场泥石流危险性分析。主要分析弃渣场松散固体物质条件、地形条件和地表径流动力条件。

通过以上两点分析，综合判定降雨条件下弃渣场是否会发生泥石流地质灾害。

参考文献

［1］　赵廷宁，赵永军．水土保持项目管理［M］．北京：中国林业出版社，2012.

［2］　韩国波，崔彩云，卫赵斌，等．建设工程项目管理［M］．重庆：重庆大学出版社，2017.

［3］　姜德文．弃渣场的水土保持审查与管理［J］．中国水土保持，2018，4（4）：4－7.

［4］　刘宪春，王万君，曹文华．生产建设项目弃渣场水土流失监测［C］//全国第六届水土保持监测学术研讨会．北京：中国水土保持学会，2014.

［5］　李俊，高智，李健．无人机在弃渣场水土保持监测中的应用［J］．浙江水利科技，2017，45（1）：34－35，40.

第6章　弃渣场智慧管理平台

弃渣场智慧管理平台将弃渣场的各类数据通过构建统一的数据库进行存储，并通过统一的系统进行调用、展示及管理等。管理系统主要功能包括确定弃渣场安全评价指标，建立安全评价标准，并进行弃渣场安全稳定综合评价，实现对各类监测数据自动采集和实时处理，判断弃渣场安全状态。基于现场基本状态及降雨等因素，采用TRIGRS模型，实现弃渣场的安全状态预警预报。

6.1　管理平台的设计

从弃渣场信息管理和安全预警的角度分析，预警平台子系统包含两方面的功能：一是分析预警弃渣场安全状况；二是辅助管理者进行决策和管理。弃渣场智慧管理平台由数据处理子系统、安全状况评价子系统、安全预警子系统等三部分构成，具有数据处理、评价计算、预警分析等功能。

6.1.1　数据处理子系统

1. 数据采集系统

数据采集系统分为两个层面：一是建立信息采集方法。弃渣场一般处于山区或较为偏远地区，采集数据相对来说比较困难，因此主要以布置监控传感器及不定时无人机视察为主，并兼顾在场人员通过手机等便携式数码设备或现场调研等采集数据。

2. 数据管理系统

建立数据管理系统，是因为管理平台需要调研数据和历史数据作为基础，利用计算机数据库系统实现历史数据的分类整理、查询、增删、修改、储存功能。主要是通过计算机完成大量数据的存储和处理工作，提高数据管理效率，也为其他子系统提供基础数据。

6.1.2　安全评价子系统

1. 指标管理系统

指标管理系统主要是对指标体系的维护，系统默认的指标体系中指标及其权重并不是固定不变的，考虑到不同类型弃渣场，由于所处环境、地质、水文条件的不同，可以对指标进行深度修正，即指标名称、数量及其权重都可以进行适当修正。特殊情况下，可能涉及指标体系结构的调整。

2. 评价计算系统

评价计算系统是利用指标管理系统建立的评价指标体系，读取数据处理子系统数据库中的相关数据。后台为指标体系中所有指标赋值及权重，完成计算评价计算工作，得到生态安全评价的结果。主要是利用计算机强大的计算能力，代替人工赋值过程和矩阵计算的复杂程序。

6.1.3　安全预警子系统

预警子系统是基于评价子系统建立的人—机交互的警情信号输出系统。风险等级分为安全、一级、二级和三级，采用不同颜色形式表示警情信号，分别对应绿色、黄色、橙色和红色。

6.2　弃渣场智慧管理平台功能简介

6.2.1　登录界面

用户输入账号与密码后点击登录即可进入系统，也可通过微信扫码登录。登录界面如图 6-1 所示。

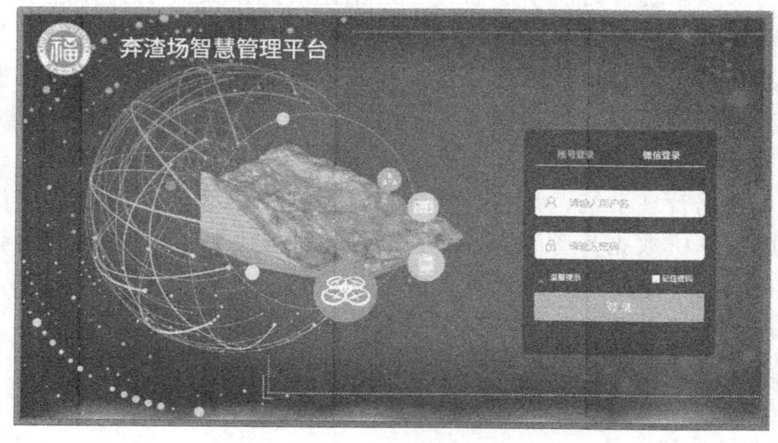

图 6-1　登录界面

6.2.2 首页

管理平台首页主要由四个模块组成：①渣场实况图；②通知公告；③总体概况；④渣场预警，如图 6-2 所示。渣场实况图包括地图和实景两种，其中地图是将渣场位置标注在卫星地图上，可清楚地查看渣场具体位置，实景图就是通过高清摄像头实时监测渣场整个区域的当前状态。通知公告模块是对有关渣场的重要信息进行发布，主要包括渣场的突发情况、政策的解读、系统的更新等。总体概况是对弃渣场的监测区块安全情况的统计，渣场预警是表示渣场当前预警情况。

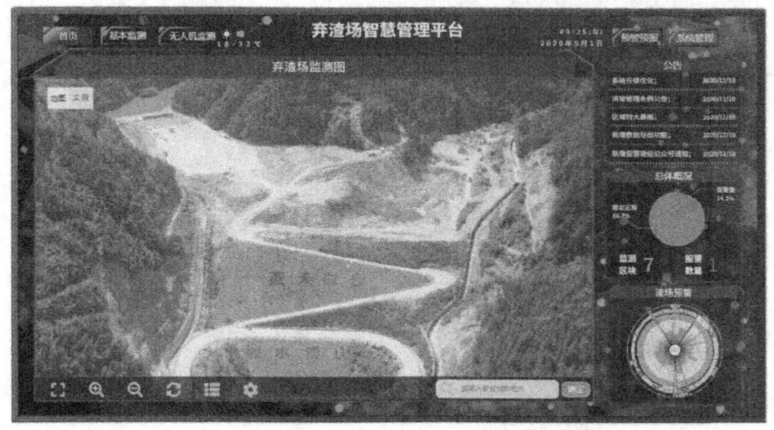

图 6-2　首页

6.2.3 基本监测

基本监测界面主要是对弃渣场各项安全指标的监测，包括地下水位监测、土壤含水率监测、地下水压力水头监测、实时气象监测、弃渣场滑坡倾斜监测和土压力监测等，如图 6-3 所示。

地下水位、土壤含水率和地下水压力水头通过折线图的形式展示，可以查看一定时间范围内的实时数据。实时气象、弃渣场滑坡倾斜和土压力都是显示当前时刻的监测数值。页面中间是弃渣场展示图和监测设备信息，弃渣场展示图可以将监测一起布点标注在地图上，监测设备信息表可以查看监测设备的各项具体信息。

6.2.4 无人机监测

无人机监测界面主要向用户展示实时气象监测数据、无人机信息、无人机飞行轨迹、无人机分时段监视图以及监视结果位移变量时程图，如图6-4所示。此界面借助3S技术获取弃渣场研究区域较高精度的遥感信息，建立弃渣场研究区域空间监测数据库，为进行灾害分析预警提供空间基础。借助无人机遥感设备实现数据信息的获取，利用先进的无人驾驶飞行器技术，结合遥感传感器技术、遥测遥控技术、通信技术、GPS差分定位技术和遥感应用技术，获取弃渣场风险地区的空间遥感信息。

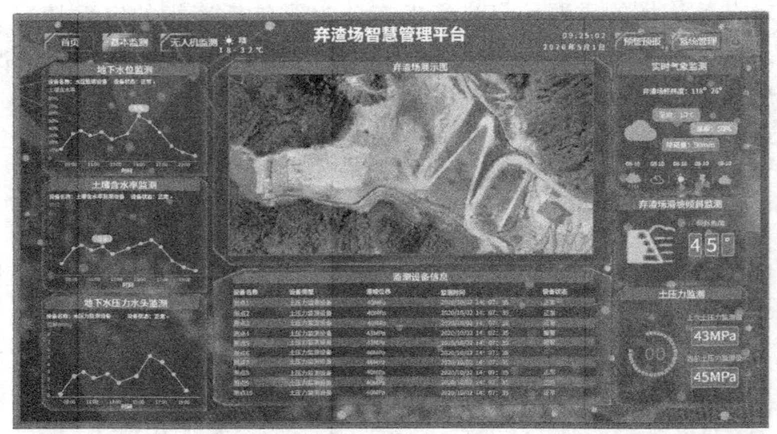

图6-3 基本监测界面

图6-4 无人机监测界面

（1）无人机信息。可向用户展示无人机的型号等信息，以及时了解飞行器的状态。

（2）无人机飞行轨迹。可向用户展示无人机的飞行线路、飞行距离以及飞行时间信息。

(3) 弃渣场三维展示图。可向用户展无人机多次监视中的各个特征点处的直观变化。

(4) 无人机监视影像。利用无人机遥感技术对弃渣场风险地区地貌进行多次影像获取，对连续多期的 DOM 数据进行区域位移分析，提取滑坡研究区域影像特征明显的监测点，获取监测点位置信息，进行弃渣场边坡位移矢量化，获取不同时间位移变化量，通过对比分析定位滑坡研究区域的高风险地段，实现低精度的动态监测，为进一步布置合理 GPS 监测网提供参考数据。

(5) 图像处理。弃渣场土体表面可能会存在与 TRIGRS 模型计算不相关的物体，并且由于无人机航拍时光线变化、极个别死角存在，造成了构建的 DEM 数据中个别异常栅格数据。通过 GIS 软件对数据进行平滑处理，从而清除异常数据。

6.2.5 预警预报

预警预报界面如图 6－5 所示，预警预报功能主要是基于降雨因素和土壤参数，采用 TRIGRS 模型，计算出特定区域的地下水位和安全系数，对弃渣场的安全性进行分析预测。

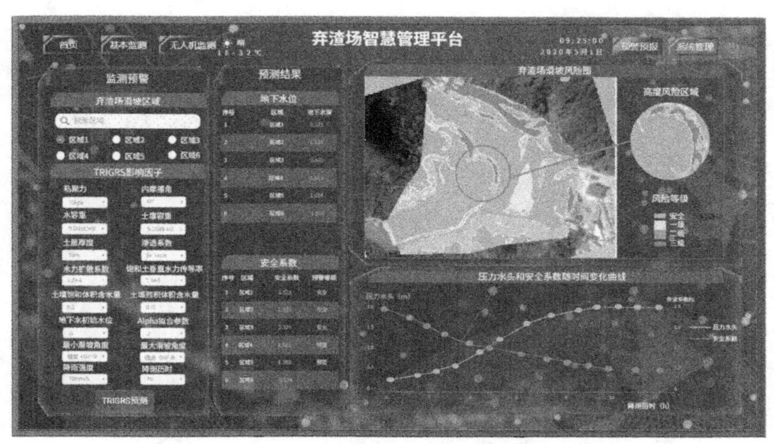

图 6－5 预警预报界面

在页面左端选定区域之后再确定 TRIGRS 影响因子，影响因子参数的输入都是采用单选框的方式，工作人员将所有参数选定以后点击“TRIGRS 预测”就可以得到预测结果，包括各区域的地下水位情况和安全系数情况。页面右边会显示弃渣场滑坡风险图，根据风险等级的不同显示不同的颜色，工作人员可以直观地看到高风险区域的位置。对存在危险的弃渣场发出预警，使管理人员能够及时采取防护措施，从而减少弃渣场在降雨诱发的失稳破坏及次生灾害，提高生产建设项目弃渣场防护工程整体的质量安全及管理水平。图 6-6 为预警预报模块流程图。

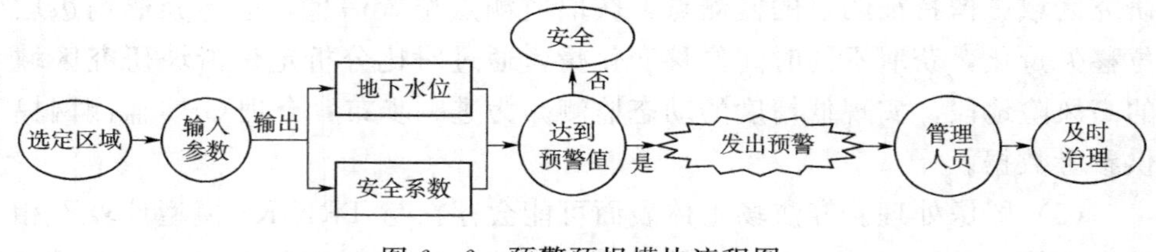

图 6-6 预警预报模块流程图

参考文献

[1] 吴为民．福建省水库大坝管理平台研究与开发 [J]. 水利科技，2017，4 (4)：50-52.

[2] 冯磊，张晓利，崔磊．水电建设项目弃渣监测信息化初步研究 [J]. 中国水土保持，2020，4 (8)：51-53.

第7章 弃渣场工程案例

7.1 永泰抽水蓄能电站弃渣场

福建永泰抽水蓄能电站位于福州市下辖的永泰县白云乡，与福州市直线距离37km，属于一等大（1）型工程，枢纽主要由上水库、输水系统、地下厂房及地面开关站、下水库等建筑物组成。上水库正常蓄水位为657.00m，相应库容为847.00万m^3：下水库正常蓄水位为225.00m，相应库容为924.00万m^3。

7.1.1 区域概况

本流域属中亚热带季风气候，春秋长，夏冬短，气候温热湿润。工程所在区域多年平均降水量1513.2mm，多年平均蒸发量为1528.0mm。根据永泰县气象站1980—2009年共30年的气象资料统计，多年平均气温19.9℃，多年平均气压1005.0hPa，多年平均相对湿度77%。多年平均风速1.3m/s，多年平均日照时数为1670.7h。

永泰县植被类型较为丰富，以亚热带区系成分为主，主要的植被类型为亚热带常绿阔叶林和天然次生植被。植被类型有3种：森林植被、灌丛荒山植被和草甸草山植被，工程区森林覆盖率67.4%。

项目区属以水力侵蚀为主的南方红壤丘陵区，其土壤侵蚀强度容许值为500t/(km^2·a)。根据工程区域现状调查，项目建设区域植被覆盖良好，主要以林地、耕地、果园为主，水土流失不明显，属无明显水土流失区域，根据项目区各用地类型加权平均求得土壤侵蚀模数240t/(km^2·a)，属微度侵蚀。

7.1.2 弃渣场设计

本工程弃渣量较大，设置3座弃渣场，分别为上库坝后弃渣场、上库弃渣场、下库弃渣场，具体参数见表7-1，上库在主坝后和虎掏猪沟道设置弃渣场。本节以下库弃渣场为例，主要叙述弃渣场管理方面的技术经验。

下库弃渣场位于大坝上游右岸冲沟，距离下库大坝约2.10km，为虎掏猪沟道下游，规划堆渣高程290.00m，容渣量240万m^3，占地面积18.25hm^2。需要新建0.80km施工便道与上下库连接公路相连，受下库蓄水后中转料场无法回采的影响，蓄水后混凝土所需的成品骨料需提前加工，并通过自卸汽车运至下库渣场顶面堆存，施工结束后清理场地恢复植被。

表7-1 弃渣场分级一览表

序号	渣场名称	规划弃渣量/万m^3	堆渣高度/m	弃渣场级别	拦渣工程级别	排洪工程	防洪标准（重现期）/年	
							设计	校核
1	上库坝后堆渣场	24.56	27	4	4	4	30	30
2	上库堆渣场	240.60	65	3	3	3	50	100
3	下库堆渣场	165.54	70	3	3	3	50	100

图7-1 下库堆弃渣场总览图

根据《水土保持设计规范》确定弃渣场及弃渣场防护工程建筑物级别，弃渣场级别3级，相应弃渣场拦渣工程级别3级，排洪工程3级，防洪标准按50年一遇设计，按100年一遇校核，图7-1为下库堆渣场弃渣场总览图。

针对该弃渣场，采取了一系列的技术措施

1. 工程措施

（1）土地整治。渣场堆置弃渣前，先剥离征占地范围内的表土，堆于下游表土临时堆置区，林地剥离厚度20cm，并采用临时防护措施，后期用于渣场覆土。

（2）拦挡。为防止渣体下滑，在弃渣场坡脚处修建碾压堆石拦渣坝进行拦挡防护，顶宽5.0m，外侧坡比1∶1.5，内侧坡比1∶1.5。坝长53m，坝高8m。

弃渣堆置坡度按1∶3.0控制，渣体坡脚高程低于坝顶高程1.0m。坝顶高程 221m，在 220m 处以 1∶3.0 坡度堆渣 15m 高后（235m 处）筑 2m 宽的马道。马道内侧设置排水沟，排水向两侧汇入周边截水沟继续以 1∶3.0 的坡度堆渣 15m 高后（250m）筑 2m 宽的马道，马道内侧设置排水沟，排水向两侧汇入周边截水沟；继续以 1∶3.0 的度堆渣 15m 高厚（265m）筑 2m 宽的马道，马道内侧设置排水沟，排水向两侧汇入周边水沟；继续以 1∶3.0 的坡度堆渣 15m 高厚（280m）筑 2m 宽的马道，马道内侧设置排水沟，排水向两侧汇入周边截水沟；最后以 1∶3.0 的坡度堆 10m 高后至设计高程（290m），共设置 6 个平台。弃渣过程中对渣体进行分层碾压，以提高渣体的密实性和稳定性，增强渣体抗侵蚀能力，防止水土流失。弃渣堆置时要求使渣体顶面以 3%～5%的坡度渣场中心线向两侧倾斜，形成顶面汇水向渣体两侧截水沟及明渠集中汇集。

（3）护坡。下库弃渣场部分渣体（堆渣高程 230m 以下的渣体）位于下水库正常蓄水位以下，下水库蓄水后，为防止受水流冲刷或浸泡弃渣坡面，影响渣体稳定造成水土流失，设置浆砌石护坡对高程 230m 以下的堆渣坡面进行防护，浆砌石护坡厚度 40cm，下铺设 20cm 厚的砂砾垫层，护坡砌筑材料从工程弃料中选用新鲜的弱风化块石，护坡面积 8788m^2。

（4）排水。排水盲沟长 1435m。下库弃渣场防洪标准按 50 年一遇设计，其中北侧支沟流量为 18.8m^3/s，南侧支沟流量为 56.5m^3/s，按 100 年一遇校核，其中北侧支沟流量为 21.5m^3/s，南侧支沟流量为 64.5m^3/s。北侧支沟汇水面积 101.34hm^2，南侧支沟汇水面积 304.01hm^2。弃渣场场地占用两条支沟，沟水处理采用挡水坝与排水明渠方式，排水明渠末端设置泄槽，泄槽水流最后汇入弃渣场下游的原沟道内。

下库弃渣场上游汇水面积大，为有效拦截汇水，首先在上游设置挡水坝，并在挡水坝一侧设置缺口，与排水明渠及泄槽平顺衔接，保证排水通畅。

挡水坝采用重力式 C15 混凝土现浇结构，顶宽 2.0m，上部为 2.0m×2.0m 矩形断面，下部为梯形断面，迎水面竖直，背水面边坡坡度为 1∶0.7，设计坝高 10.0m，北侧沟道挡水坝长度为 14m，南侧沟道挡水坝长度为 10m。

南侧排水明渠采用 C25 钢筋混凝土浇筑，净尺寸为 4.5m×4.5m（宽×高），边墙厚 50cm，底板厚 80cm。靠山体一侧边墙及底板布设钢筋，间隔 1.5m，长度为 785m。

北侧排水明渠采用 C25 钢筋混凝土浇筑，净尺寸为 3.0m×3.0m（宽×

高）边墙厚50cm，底板厚80cm。靠山体一侧边墙及底板布设钢筋，间隔1.5m，长度为650m。排水明渠末端地形较陡，水流急，在末端设置泄槽，粗糙系数n取0.013，沟底坡度取0.5%。经理正工程水力学计算软件计算南侧排水明流量为78.96m³/s，北侧排水明渠流量为24.71m³/s，可以满足设计要求。

2. 植物措施

堆渣结束后，对坡面进行场地平整，覆表土30cm，进行土地整治。平台待全部施工结束后清理临时施工设施，覆土后整地。平台及坡面均采取乔灌草相结合的方式绿化，选用当地适生乔、灌、草恢复植被，其中乔、灌木可选择杉木、台湾相思、胡枝子等树种，混交方式种植，林下撒狗牙根草籽。

乔木种植密度1200株/hm²，灌木种植密度3800株/m²，狗牙根撒播密度80kg/hm²，种植后的实景如图7-2所示。

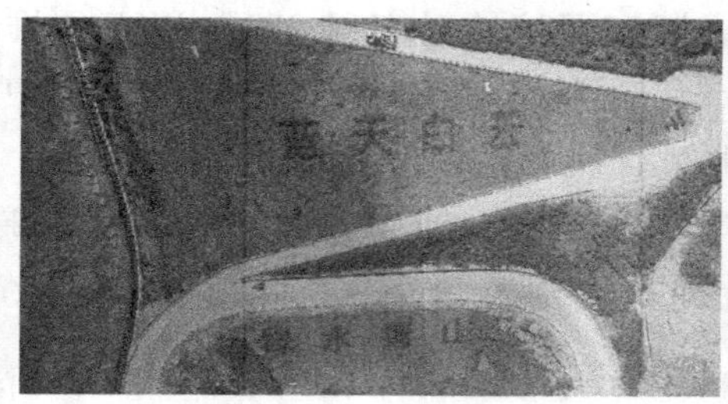

图7-2 植物措施实景图

3. 临时防护措施

在工程施工期间，需对弃渣堆置前剥离的表层上进行临时防护，表层土堆置于弃渣场的一角，后期用于弃渣场的绿化覆上，因此需在临时堆土的坡脚设置拦挡设施，并在其周边开挖排水沟排水，为了维护临时堆土的稳定，表层上需分多级堆放，顶部为平台，边坡坡率按1∶1.5进行控制，并在顶面和坡面采取撒播草籽进行临时防护。

7.1.3 弃渣场管理

7.1.3.1 建设期管理

从招标设计到施工阶段，下库弃渣场根据堆渣及防护工程施工情况，对渣场堆渣体型、拦渣和排水工程等设计方案进行了多次优化调整，主要如下。

1. 施工图阶段设计方案优化调整

(1) 拦渣工程调整。招标阶段利用工程弃石料，降低工程投资，拦渣工程采用碾压堆石结构。但由于工程前期开挖弃渣主要为土料，所需的石料缺乏，无法快速形成渣场拦挡结构，制约工程弃渣。根据调查，下库弃渣场周边河床砂砾石料较为丰富，可作为筑坝材料，且造价相对常规混凝土低，因此，下库渣场拦渣工程调整为胶凝砂砾石结构，图7-3为挡渣工程及排水系统实景。

图7-3 挡渣工程及排水系统实景

(2) 堆渣体型调整。进场公路芋坑桥位于下库弃渣场下游沟道出口处，临近堆渣体，结合拦渣工程结构型式调整，存在取消原芋坑桥、公路与堆渣体或与拦渣工程结合布置的可能性，经专题比选分析，推荐堆渣体与公路结合的布置方案，因此渣场堆渣体型需进行适当调整，如图7-4所示。

拟定进场公路芋坑段线路展线从挡渣墙上游的堆渣体通过，线路借助下库弃渣场坡面形成公路路基，路面高程为235m，线路平曲线半径分别为30m和40m，纵坡为0（渣体）、−2%和4.719%。线路过弃渣场段既是公路路基也是弃渣场马道，因此，该段渣体碾压要求按公路路基压实标准执行。

在弃渣场坡脚处修建挡墙，挡墙轴线长为115m，墙顶高程为226m，最大墙高为18.0m，顶宽为5.0m，外侧坡比为1∶0.8，内侧坡比为1∶0.1。墙体断面采用C1806胶凝砂砾石，基础采用厚为0.5m的C15承台混凝土，内侧与渣体之间设置厚为2m卵石排水层，图7-5为挡渣墙典型剖面图。

2. 施工阶段方案优化调整

施工单位提出下库弃渣场剩余堆渣量报告，根据该报告，经施工专业

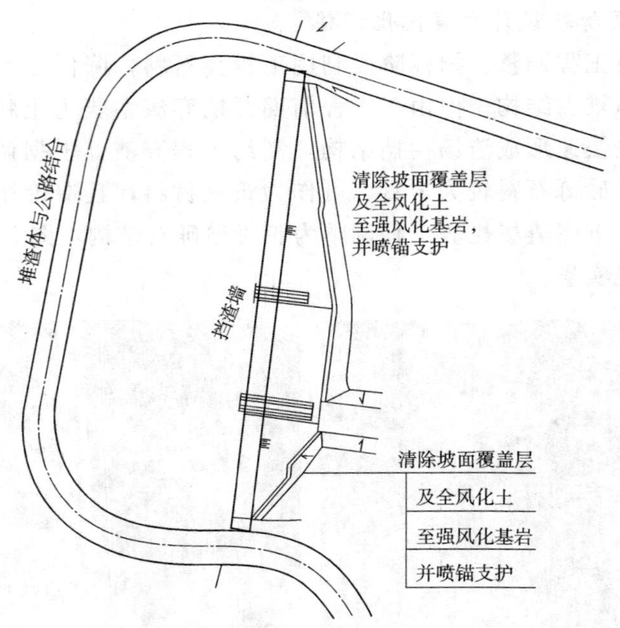

图 7-4 堆渣体与公路结合布置图

复核，现场前期标已经弃渣 46.5 万 m^3，后续预计继续弃渣 43.0 万 m^3，预计总弃渣量为 89.5 万 m^3，较施工图现阶段去向渣场的弃渣量大幅度减少，考虑弃渣松散系数，预计渣场量约为 99 万 m^3（松方）。根据后续标段招标土石方平衡成果，下库弃渣场预计还需弃渣约 101 万 m^3（松方）。因此，施工单位提出下库弃渣场可按 200 万 m^3 的总容量调整布置。由于下库弃渣场设计总容量减少，渣场顶高程可适度降低，在满足规范要求与弃渣需求的前提下，既可减少工程资源的浪费，又可降低工程单价，节约工程投资，还有利于加快施工进度、提高弃渣堆渣过程的安全性。经业主、设计、监理、施工单位讨论，明确渣场顶高程降低 10m，按照 280m 进行调整布置，调整后渣场总容量约为 190 万 m^3，同时为了便于排水明渠施工，南、北排水明渠和挡水坝相应进行高程降低。

下库弃渣场南沟回填弃渣上游端部地形狭窄，两侧基岩出露，若按原设计的位置施工挡水坝，渣体填筑还需向冲沟上游延伸约 300m，回填弃渣量约 10 万 m^3，但现场前期标已基本无多余弃渣运往渣场，挡水坝施工存在困难。将挡水坝位置按照现状堆渣位置下移至沟道地形狭窄处，下移后的挡水坝位置为狭窄山谷，呈 V 字形，左岸 259m 高程以下坡度为 40°～45°，以上坡度为 30°～35°；右岸 253m 高程以下坡度为 65°～70°，

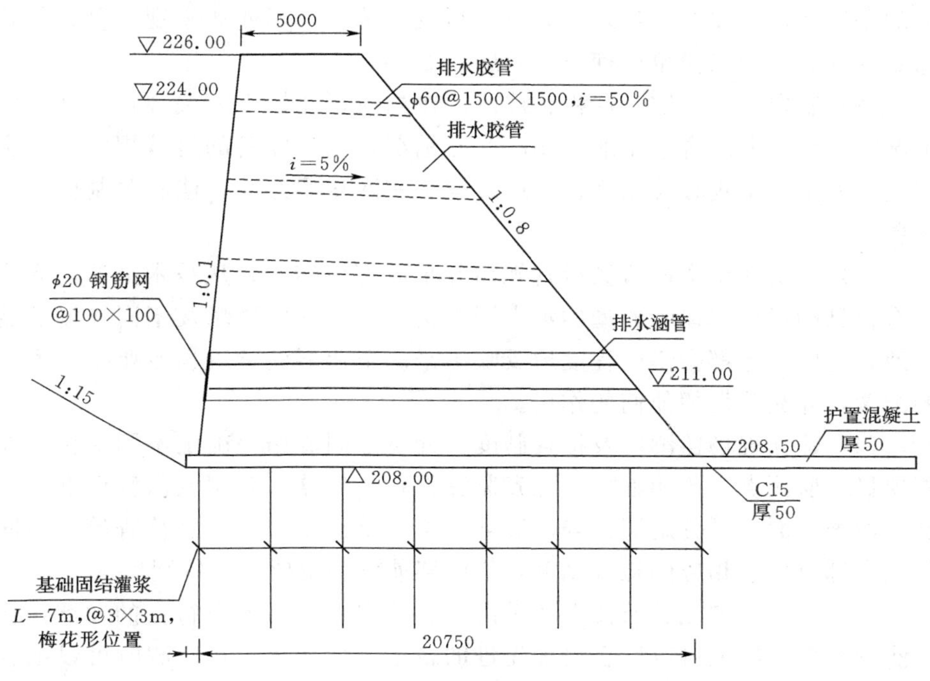

图 7-5　挡渣墙典型剖面图

以上坡度为 30°～35°。其中沟床表层有厚 1～2m 冲洪积漂块石，下伏弱风化基岩；左右岸 255m 高程以下揭露弱风化基岩，255m 高程以上表层为崩坡积碎石土，厚 3～5m 不等，下伏风化基岩。下移后的挡水坝位置地形地质条件符合筑坝要求。

经布置，挡水坝高约为 25m，坝顶高程为 270m，坝顶长为 88m，挡水坝采用 C1806 胶凝砂砾石填筑。挡水坝下移后，挡水坝工程量增加，但南渠长度减少约 300m，综合比较总造价减少，且挡水坝和南渠立即可以施工，施工难度降低，可加速渣场永久排水系统的形成，调整后方案总体趋优。

7.1.3.2　运营期管理

渣场运营是一个长期动态变化过程，其安全不仅受设计及工程质量的影响，而且受自然、人为因素等多方面因素影响，其中一些因素会长期、周而复始地影响渣库运营安全，加强渣场运营安全管理十分重要。

（1）加强对渣场运营管理的领导工作。企业要逐级成立渣场安全运营管理领导小组，明确各级职责及完善配合协作机制。其中企业一级由主要领导挂帅，生产、技术、工程、计划、环保安全等部门的人员参与。要注意的是当生产与安全发生矛盾时要坚持安全第一，不能凭主观臆测、行政命令、片面经验来简单处理技术问题。

(2) 制定有关规定、规程、规范。在当前行业缺乏相关规定、规程的情况下，企业要结合本企业渣场的实际情况，制定完备的运营规定、安全规定、安全技术规程等制度，并通过运营实践积累经验，使有关制度趋于完善。

(3) 在实践中掌握渣场运营规律并采取相应措施。从技术上看，弃渣场有自己的运营规律和典型的灾害因素类型。不同的渣场及不同渣场的运营期，这些隐患都会不同程度地反映出来。企业要注意渣场专业技术人员的配置，并充分发挥他们的作用。

(4) 建立现场监测网及检查制度。针对不同渣场要确定不同部位的监测项目、监测点、监测参数，配齐监测设备、仪器，并制定监测标准与制度。检查方面，可分定期检查、经常检查、重点检查、特别检查等，不同的检查都要确定相应的检查制度，如汛期前就一定要进行特别检查。

(5) 采用更加先进的技术及手段。随着智能化在各个行业的发展，在弃渣场管理方法上可以结合更加先进的技术手段。比如在监测时可以结合无人机设备，能够更方便更快捷地对弃渣场进行监测。

7.1.4 经验总结

永泰抽水蓄能电站的弃渣场施工方案经设计调整优化，更符合实际施工需求。优化后的方案考虑因地制宜的原则，调整为堆渣体与公路结合的布置方案，有效地利用进场公路的芋坑段线路，减少了占用耕地面积，有利于减少水土流失，更好地保护了生态环境。同时在满足规范要求的前提下，降低了施工难度，加快了施工进度，减少了工程造价，降低了工程项目的投资。

由于渣场顶高程的调整降低，弃渣、堆渣过程的安全性相应提高，减少了施工过程中意外事故的发生。在下库弃渣场施工过程中，现场设计人员及时跟踪各方面情况，主动发现并针对出现的问题及时调整已有设计，使其更加符合现场实际情况，有效保证了永泰抽水蓄能电站后期施工。该方案的成功实施，不仅是方案优化调整，使其取得更为良好的施工效果的一个有效案例，而且此方案具有较明显的经济效益与社会效益，值得在类似工程施工中推广应用。

7.2 马跳水库工程项目弃渣场

7.2.1 区域概况

马跳水库位于福建省泉州市永春县桃溪流域的锦斗溪上，坝址位于永春县呈祥溪与锦斗溪交汇处，是一座以供水为主，结合防洪、养殖、供电等综合利用的中型水库，是福建省重点建设项目。

南山弃渣场位于坝址岸上游约1.7km的冲沟内，占地内类型为耕地、园地和林地，S203省道从弃渣场北侧通过，弃渣运输较方便，弃渣场堆渣高程为575m，属于沟道型弃渣场，设置C20埋石混凝土挡墙拦挡，渣场四周设置截水沟，渣场底部设置盲沟。

7.2.1.1 工程地质条件

地貌类型总体以中低山—丘陵地貌为主，根据其切割深度及侵蚀形态又分为侵蚀剥蚀中山地貌、侵蚀构造低山地貌、侵蚀构造丘陵地貌和堆积平原地貌。

根据现场勘查，渣场冲沟两侧地形坡度为25°～35°，汇水面积不大，沟内水量较小，植被发育。现场地质灾害不发育，地表无滑坡、崩塌、泥石流等不良地质现象，自然边坡稳定性好。对渣场采取有效的防护措施，渣体产生泥石流、滑坡等地质灾害的可能性小，堆渣后渣体基本稳定。

坝（墙）基分布的岩土层自上而下为：坡残积层、全风化层、强风化凝灰熔岩层、弱风化凝灰熔岩层。根据地质钻探成果揭示，坡残积层、全风化层、强风化凝灰熔岩层和弱风化凝灰熔岩层。

本区域构造相对稳定，根据初设地质勘察报告，工程区地震动峰值加速度为0.05g，相应的场地地震基本烈度为Ⅵ度。

7.2.1.2 水文气象情况

永春县属亚热带季风气候区，处于南亚热带和中亚热带两个过渡性气候带上，内半县多为中亚热带气候区，外半县多为南亚热带气候区，而千米以上高山呈北亚热带气候，全县气候温和，湿润多雨，素有“万紫千红花不谢，冬暖夏凉四序春”之称。全年无霜期320d，平均初霜期在12月20日，平均晚霜期在2月7日终结。年平均气温20.4℃，两个气候带平均气温相差2.7℃。1月平均气温11.9℃，7月平均气温28.2℃，极端最低气温零下7℃，极端最高气温38.4℃。全县大于10℃的年活动积温5373.4～

7479.5℃。年降水量1600～2100mm。全年日照平均时数4422.4h，平均年实照时数1907.6h，日照百分率为43%。年平均相对湿度为77%。年平均蒸发量为1595mm。全县以东南风为主导，冬季偏北风。多年平均径流深度1050mm，其年产水：枯水年8.85亿m^3，偏枯水年10.45亿m^3，平水年12.95亿m^3，丰水年18.73亿m^3，截至2015年，全县平均地下水资源为1.49亿m^3。

7.2.2 弃渣场设计

弃渣场的弃渣容量约为39.8万m^3，占地面积为3.19万m^2，堆渣高程为575m，平面布置如图7-6所示，典型剖面图如图7-7所示。渣场级别为4级，相应的挡渣墙建筑物级别为4级，弃渣场排洪工程级别为4级，相应的防洪设计标准为20年一遇，校核标准为30年一遇。

堆渣的护脚部分设计采用挡渣墙，挡渣墙轴线垂直于冲沟布置，闭合于山坡处，墙体高度一般为0～12.5m。挡渣墙每10～12m设置一沉降缝，缝宽20mm，缝内用沥青麻筋或沥青木板填塞，内外顶三侧填塞深度为20cm，挡渣墙基础埋深改变位置处也应设置沉降缝。挡渣墙基础埋深不小于2.0m，基础开挖底高程可根据实际地质条件进行调整，以满足设计要求确保挡渣墙的稳定。

弃渣场采用分层排水，外侧设置截水沟，底部设盲沟及预埋混凝土涵管，盲沟沿原有冲沟布设，将场地渗水收集后集中排往挡渣墙外。

在弃渣场周围5m外设一道截水天沟，截流山体坡面汇水，水沟砌筑在自然边坡稳定土体上，沟宽2m，高150cm，M7.5砂浆抹面，厚度为15mm，截水沟的排水坡度不得缓于1.5%。

弃渣范围内沿原冲沟布置盲沟，将渗水收集后，通过预埋DN50混凝土涵管排往挡渣墙外侧，预埋混凝土涵管出口高程为532m，涵管纵向排水坡度不得出现反坡，确保排水通畅，排水涵管基槽边坡比1∶1.0，下铺砂砾垫层。

盲沟底部大块石采用弱风化块石，最大粒径不小于25cm，小于5mm粒径的颗粒含量不大于15%，于0.1mm粒径的颗粒含量不大于15%，填筑碾压后渗透系数K大于1×10^{-1}cm/s。盲沟表层铺设天然砂砾石和级配碎石，最大粒径8～10cm，小于5mm粒径的颗粒含量不大于15%，小于0.1mm粒径的颗粒含量不大于15%，填筑碾压后渗透系数K大于1×10^{-2}cm/s。

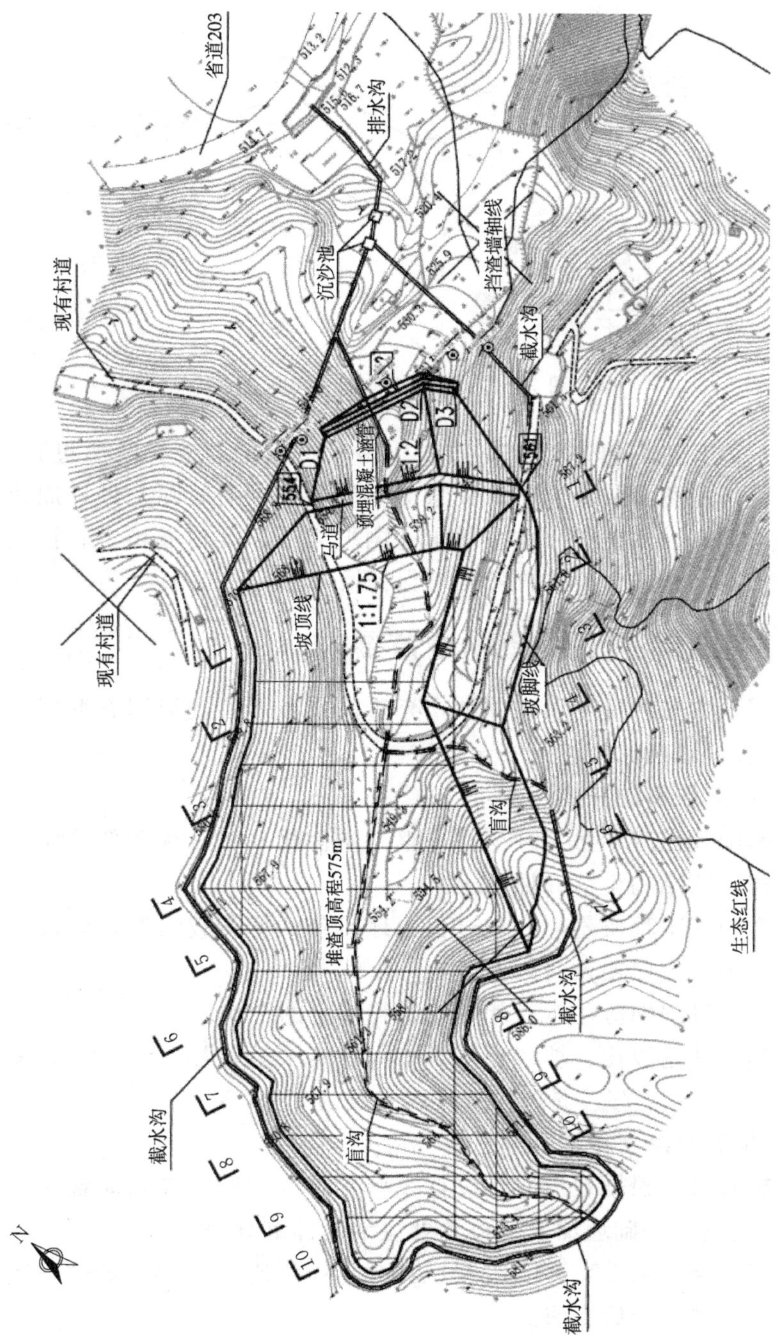

图 7－6 弃渣场平面布置图

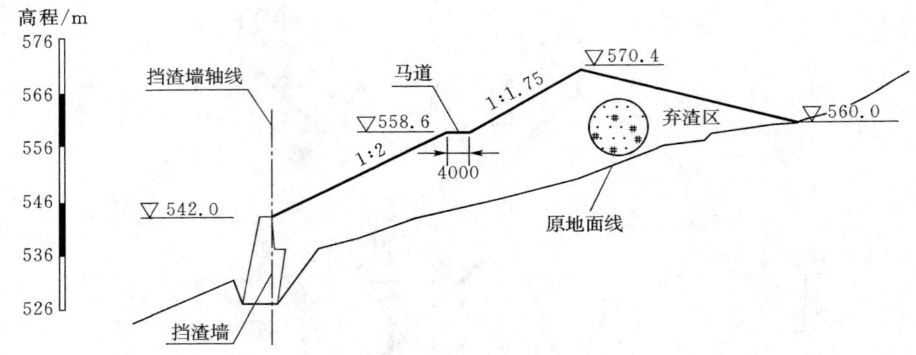

图7-7 弃渣场典型剖面图

弃渣挡墙及渣场填筑过程应加强挡墙墙身稳定监测、弃渣过程监测、弃渣坡面稳定监测及渣场弃渣流失量监测等。在堆渣区除了做好周边排水设施，还应做好坡面防护，防止雨水冲刷坡面，保证边坡稳定。挡渣墙应做好防冲措施，防止水流冲刷基础，保证墙身稳定。

7.2.3 挡渣墙施工及渣场堆置要求

弃渣遵循“先拦后弃”的原则，弃渣前先在下游设置埋石混凝土挡渣墙（衡重式），以确保弃渣场安全稳定。

7.2.3.1 挡渣墙基础开挖

(1) 基础开挖应尽量使开挖面平整并不被扰动，有扰动部分应一并挖除，保证挡渣墙结构坐落在原状土上。

(2) 为确保工程质量，开挖过程中地质条件变化较大时，应及时通知监理及设计单位，以便及时处置。

(3) 开挖过程中应注意对相邻建筑物稳定的影响。

(4) 建议开挖坡比：坡残积层为1∶1.25，全风化层为1∶1，强风化凝灰熔岩层为1∶0.75，弱风化凝灰熔岩层为1∶0.3。

7.2.3.2 埋石混凝土挡墙

(1) 挡墙尺寸根据地形起伏按直线变化过渡，挡墙基础埋置深度不小于2.0m，挡渣墙基础埋深改变位置处应设置伸缩缝。

(2) 挡渣墙采用C20埋石混凝土，含量体积比为20%，墙体强度达到70%时，方可进行墙后堆渣。

(3) 毛块石：石料应石质一致、质地坚硬、新鲜、不得有剥落或裂纹；要求外形大致呈方形，上、下两面基本平行且大致平整，无尖角、无薄边，块石粒径 20～40mm。

(4) 挡渣墙 10～12m 设置一伸缩缝，缝宽 20mm，缝内用沥青麻筋或沥青木板填塞，内外顶三侧填塞深度为 20cm。

(5) 已浇好的基础和垫层混凝土，在抗压强度未达到设计强度 70%前不得进行上层的准备工作。

(6) 墙体浇筑应逐层全面上升，相邻墙体高差宜在 1.5m 以内，浇筑作业面为临时安装施工留的缺口坑洞不符合相关规定时应进行特殊处理。

(7) 挡渣墙每 2m 间距设置一泄水孔，上下左右呈梅花形布置。泄水孔采用 $D80$ 的 PVC 管预埋，从墙后至墙前的纵坡坡度为 5%。

(8) 挡渣墙应边浇筑边回填，墙背设置厚度 0.8m 的反滤层，反滤层采用级配碎石填筑。

(9) 挡渣墙地基允许承载力根据桩号不同要求不同，在挡渣墙进行上部结构浇筑之前应对地基承载力进行复测，如未达到设计要求，应及时通知监理及设计单位，以便及时处置。

7.2.3.3 渣场堆置要求

(1) 弃渣场弃渣前需清除原植被，对地面进行整平清除表层不少于 50cm 的软弱土层，斜坡地段要顺坡面挖台阶，台阶宽度不小于 2.0m。

(2) 弃渣应采取自下而上分层铺筑，采用进占法施工，当渣场范围内同一层全部铺筑完成后，方可进行下一层弃渣铺筑；未进行下层弃渣的摊铺、平整和碾压，不允许在上层堆置、摊铺弃渣。

(3) 在弃渣堆置过程中，靠近边坡 60m 范围内采用压路机分层压实，控制压实度不小于 0.9，其余部分采用推土机分层摊铺、整平，每层堆高不得大于 2.0m。

(4) 弃渣填筑边界边坡坡率分成两种，马道以下边界边坡不得陡于 1∶2.0，马道以上边界边坡不得陡于 1∶1.75；填筑分级高度不得大于 12m，分级平台不得小于 2m，弃渣场最大填筑高程不高于 575m，坡面可进行铺土种草绿化。

(5) 雨季弃渣，下雨前应对弃渣坡面进行薄膜覆盖，减轻雨水对坡面的冲刷。

(6) 弃渣挡墙墙背侧 6m 范围内采用小级配石渣分层填筑，分层厚度不大于 2.0m，压实度不小于 0.9。

现场施工实景图如图 7-8 所示。

图 7-8 南山弃渣场施工实景图

7.2.4 经验总结

在弃渣场施工前，围绕“上堵下排”原则通过全地形勘测合理布置渣场截水沟，一方面通过设置截水沟，封堵堆渣体上游来水；另一方面通过盲沟疏导排放渣体内部水，从而保障堆渣体自身的结构稳定，减少挡渣墙荷载。

该项目弃渣场属于沟道型，合理的排水是确保堆渣体稳定的关键。施工中必须严格按照设计要求，根据现场实际水流情况考虑相应导流方案。在渣场底部设置盲沟，并确保盲沟与外部排水系统连接。

挡渣墙施工应按永久性建筑施工标准及有关规范进行施工。挡渣墙基础必须严格按设计进行处理，严禁将基础设置在未经处理的软弱地层上。

7.3 兴泉铁路工程项目弃渣场

新建铁路兴国至泉州线宁化至泉州段位于闽西南地区，线路西起福建省三明市宁化，经清流、明溪、三元、永安、大田，再经泉州市德化、永春、安溪、南安、洛江、惠安、泉港（县、市、区），终至福建省泉州市，新建正线建筑长度 298.87km，其余联络线长度合计 70.28km，包含既有线电气化改造长度 25.40km。

7.3.1 区域概况

线路起于三明宁化，翻越玳瑁山（最高海拔 1705.7m）、戴云山（最高海拔 1856m）等山脉，途经永安盆地，跨越东溪（宁化）、沙溪（永安）、晋江东溪（南安）、洛阳江等江河，终于泉州惠安。线路经过构造剥蚀中低山、构造剥蚀低山丘陵及滨海平原、台地区三个地貌单元。

（1）构造剥蚀低山丘陵区：宁化至大田、永春至南安段，线路穿行于低山丘陵地区，地面高程一般为 140～800m，相对高差一般为 50～400m，地形相对较平缓，间夹小型盆地。

（2）构造剥蚀中低山区：大田至永春段，线路穿行于中低山区，地面高程一般为 400～1000m，相对高差为 500～800m，穿越戴云山山脉，山高谷深。

(3) 滨海平原、台地区：南安至泉州段，线路穿行于滨海平原、台地区，地面高程一般为 50～300m，相对高差为 10～60m，有缓丘谷地分布。

兴泉铁路宁化至泉州段沿线水系发育，河流众多线路沿线跨越的主要河流有九龙溪（永安）、沙溪（永安）、东溪（南安）、洛阳江。其中九龙溪和沙溪属于闽江水系，东溪（南安）属于晋江水系，洛阳江属于闽南沿海诸河水系。

兴泉铁路宁化至泉州段沿线所经宁化县和清流县属中亚热带山地气候，气候温和，四季分明，日照充足，雨量充沛，冬无严寒，无霜期长；永安市、大田县、德化县和安溪县气候属于中亚热带海洋性季风气候，春季冷暖多变，常有春涝；夏季高温，前期易涝后期易旱；秋季天气宜人；冬季雨水适宜且寒冷干燥。泉州市属亚热带海洋性季风气候。项目区内大于 10℃的积温均在 5000℃以上。

项目区域境内山地土壤主要是红壤、黄壤和紫色土。表土层厚度平原地为 0.1～0.5m，中低山丘陵区为 0.1～0.3m。

项目区属于亚热带常绿阔叶林带，植被类型组成以壳斗科、樟科、杜英科、木兰科、山茶科、金缕梅科、紫金牛科等组成。

7.3.2 弃渣场变更

兴泉铁路弃渣量较大，可行性研究阶段考虑到泉州市惠安中化泉州中下游配套项目回填工程能消纳部分弃渣，因此在原可研设计的基础上取消了约 30 处弃渣场，最终水土保持方案中设置了 143 处弃渣场。在后续设计阶段，根据水保方案报告书及批复意见，在初步设计、施工图阶段对弃渣场进行了优化设计。工程主要变化包括山区、丘陵区，线路较可研线位平面位移超出 300m，累计长度 68.05km，占山区、丘陵区线路总长度的 19.7%，工程弃渣场位置、容量、数量均有不同程度的变化。现阶段设计的弃渣场的数量较可行性研究阶段水土保持方案增加了 45 处，共设置弃渣场 188 个。

根据目前设计情况，结合工程实际，本段工程设计弃渣场弃方总量为 3266.59 万 m^3，设弃渣场 188 个，属于弃渣场重大变更的包括新增弃渣场 102 个，位置未变化的弃渣场但堆渣量增加 20%以上的 32 个。弃渣场占地 592.00hm^2，其中占用耕地 180.52hm^2，约有 153.44hm^2 为基本农田，渣场弃渣前需完善征占用地手续，并按照占用基本农田需“占一补一”的原则进行补偿。

7.3.3 弃渣场选址

1. 弃渣场分类堆放要求

本项目位于西南地区，线路经过构造蚀中低山、构造剥蚀低山丘陵及滨海平原和台地三个地貌单元地质岩性在不同表层有一定的区别，且不同的工程施工形式产生的渣体也不同，应分类堆放。堆放过程中应将隧道较大出渣，路基站场表层挖方等按渣体大小，渣体岩性分类堆放，且同一渣场堆放过程中应将较大石块堆放于渣场底部，较小及土石渣体堆放于渣场顶部，从堆放上减少渣场的滑坡风险。

2. 弃渣场选址制约性因素

本项目弃渣场利用沟道、坡面、采石坑等形式弃渣，不属于河道渣处于对重要基础设施人民群众生命财产安全及行洪安全有重大影响的区域，如弃渣场场址涉及较大流量沟道，应由建设单位组织委托开展弃渣场防洪安全论工作，并取得当地水行政主管部门的许可，以确保渣场安全稳定。

3. 弃渣场选址合理性分析

本工程绝大部分沟道弃渣场选址下游无公共设施工业企业、居民点等，不会影响其安全，DK268＋100 右侧 850m 弃渣场下游有 4 处居民房屋，设计考虑拆除其房屋；DK282＋654 右侧 1073m 渣场下游为一小沟，小沟对岸阶地上有 3 户居民房屋，距离挡墙约 40m，设计考虑拆除其房屋；DK301＋500 右侧 400m 弃渣场下游沟口有 1 户居民房屋和养殖棚，已纳入工程拆迁 DK394＋700 左侧 200m 渣场堆渣后期结合永春站车站广场和地方配套工程，综合利用做填方消纳。还有部分弃渣场下游分布有敏感建筑物，但距离均较远，经过渣场合理性分析后均符合选址要求。

挡渣墙高度一般不超过 8m，弃边坡设计为 1∶1.5，并采取混凝土或浆砌石挡墙，采取以上措施后临近居民点弃渣场不会影响周边居民及公共设施安全，弃渣场总体布局合理，渣场排水沟可顺接至周边季节性水沟中，渣场排水不会冲毁周边土地；项目区分布一些乡村道路，部分弃渣场可结合地方道路新建引入便道，能够满足弃土要求，带来的次生水土流失危害相对较少；从弃土数量来分析，渣场规模满足水土保持和工程实际需要，其设置规模合理；根据现场踏勘，本项目弃渣场均不受地质灾害影响，选址合理。

7.3.4 措施布局

1. 拦挡工程措施防护设计

根据主体设计，本工程弃渣场均采用重力式挡渣墙对渣体进行拦挡。

2. 挡渣墙设计

根据弃渣量和渣场面积的不同，本工程拟采用混凝土或浆砌石重力式挡渣墙，高度不超过 8m，挡渣墙断面示意图如图 7-9 所示。

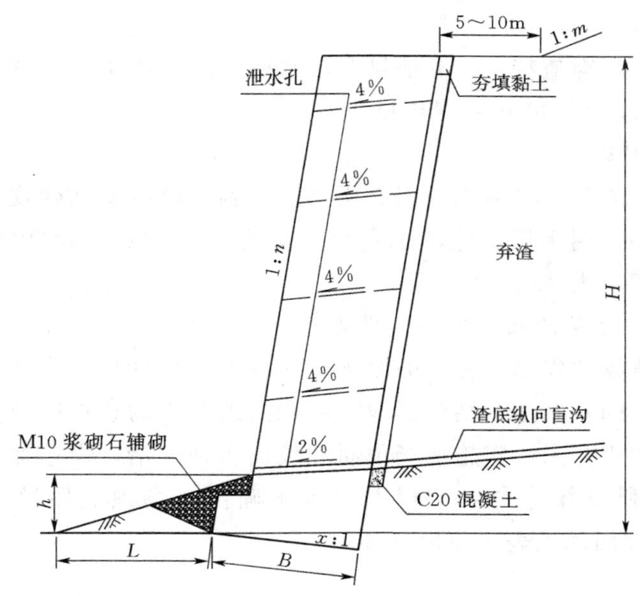

图 7-9 挡渣墙断面示意图

挡渣墙基础趾部埋入深度 $h>1.0$m，距地面的水平距离 $L>2.5$m。挡墙顶背后堆砌平台宽一般为 5～10m。挡墙墙趾应置于地表以下 0.5m；沿墙长每 20m 设置伸缩缝；每 3m 按梅花形预留 10cm×15cm 排水孔，排水孔出口最低一排应按规定高出地面 0.3m，孔口处设反滤层。

3. 弃渣场堆放要求

渣场弃渣遵循“先挡后弃”的原则，在堆渣前需要先修筑相应的挡渣墙，防止在弃渣过程中渣体溜滑破坏林区植被和耕地；渣体在坡脚设置挡渣墙后，还需对渣体坡面进行防护设计，以保证渣体在正常和非正常情况下均能稳定、不滑动。当渣堆高度高于 8m，每 8～10m 设一个平台分级挡护，平台宽度为 2～3m，可设一级、二级或多级。弃渣过程中应根据实际情况定期对堆渣体进行压实，渣体压实度至少大于85%。堆渣完成后，修整渣顶坡率为2%，以利于渣面排水。本项目弃渣场渣体坡面防护以植物措施为主。

根据弃渣场地形条件，各弃渣场周围须设置截水沟和排水沟，以便及时排除雨水，确保渣体稳定，防止下游来水冲刷渣体引起大量水土流失。在弃渣场上游位置设置截水沟，以拦截上游汇水并导入排水沟顺接至下游自然沟渠中。对于部分弃渣量较大的渣场，为了排除弃渣场内的雨水或弃渣时带入渣场的废水，场顶面设竖向浆砌片石排水沟，并在渣场底部埋设纵向排水盲沟。

根据本工程弃渣特点、弃渣量及汇水面积确定本工程弃渣场防洪标准按20年一遇设计，30年一遇校核。

4. 表土剥离

弃渣场弃渣前，必须先剥离表层熟土，剥离厚度要结合现场地形及土层厚度弃渣场占用水田、地考虑剥离厚度为40～60cm，占用林地和草地考虑剥离厚度均为20～40cm。

5. 渣场综合整治及迹地恢复措施

根据弃渣场“先挡后弃”的原则，并按方案设计要求完成堆渣后，在确保渣体稳定的基础上，结合当地政府和土地权人的意见以及弃渣场特点拟定复垦地利用方向，实施渣场顶面和坡面土地整治，通过加大前期表土剥离厚度和利用部分主体工程剥离表土确保渣场顶面回填表土厚度约50cm，渣场坡面回填表土厚度约30cm。

6. 植物措施

植物措施应因地制宜，选择当地适生树、草种。

本工程弃渣场在使用完毕后按1：1.5的坡比进行削坡，削坡后形成坡面和顶，在对坡面和渣场进行场地平整并回覆表土后，坡面和渣顶均满撒草籽，坡面采用灌草绿化，顶部对于拟定复垦利用方向为林地的场地采取灌、草结合的植被恢复方式，灌木株距2.0m×2.0m。

项目区5—9月为雨季，降水量占全年降水量的80%以上，就在降雨前夕进行植树绿化，通常3—5月较为适宜。影响苗木成活的主要不利因素为11月至次年4月干旱少雨，该期间应加强浇水灌溉等管理工作，保证苗木成活率。

7. 临时措施

弃渣场剥离的表土在弃渣场征地范围内单独划定一处临时用地进行堆

存，尽量布置在渣场上游外，堆在高度不大于 30m，临时土堆长 40m，宽 30m，弃渣完毕后将表土覆盖到渣场表面。由于表土堆放时间较长，需采取如下临时措施：临时土堆外侧设编织袋挡护，弃渣结束后拆除，编织袋外侧设临时排水沟，排水沟底铺垫彩条布。由于工期较长，裸露表土堆表面需采取撒草籽苫盖措施。

7.3.5 经验总结

本项目弃渣场变更后，各变更弃渣场选址总体符合规范要求，DK268＋100 右侧 850m 弃渣场下游有 4 处居民房屋，设计考虑拆除其房屋；DK282＋654 右侧 1073m 渣场下游为一小沟，小沟对岸阶地上有户居民房屋，距离挡墙约 40m，设计考虑拆除其房屋；DK301＋500 右侧 400 渣场下游沟口有 1 户居民房屋和养殖棚，已纳入工程拆迁。DK394＋700 左侧 00m 弃渣场堆渣后期结合永春站车站广场和地方配套工程，综合利用做填方消纳。通过前期优化调整应确保新增弃渣场选址合理，措施可行。

在弃渣场设计中应结合地方基础建设需求加强土石渣综合利用方式，并进一步细化加大运距和土石方调配利用量的可行性，从源头上减少弃渣量。

7.4 福建省阳山铁矿尾矿库

福建省阳山铁矿年采选 40 万 t 铁矿项目建设于德化县美湖乡阳山村，主要工程项目有狮头露天采场、新田地下采区、废石场、选矿厂、尾矿设施、运输系统、办公生活区、公用配套设施等。其尾矿库位于选矿厂西侧，距离选矿厂约 300m，为一狭长山谷，由北东向西南走向，出口和后部窄小，中间宽敞，两边岸坡斜度在 50°左右，库底与选矿厂相对高差约 90m。从选矿厂排出的尾矿可自流到尾矿库内。尾矿库占地面积约 9.2hm^2，汇水面积 0.8km^2。矿区周边关系如图 7 - 10 所示。

7.4.1 区域概况

7.4.1.1 工程地质条件

德化县位于福建省第二大山脉戴云山脉主体部分，为闽中地势最高的县，戴云山主峰在德化县中部，海拔 1856m。全县地貌类型以中低山为主，丘陵只占极少部分。项目区位于戴云山脉中段南侧，为低中山地形，

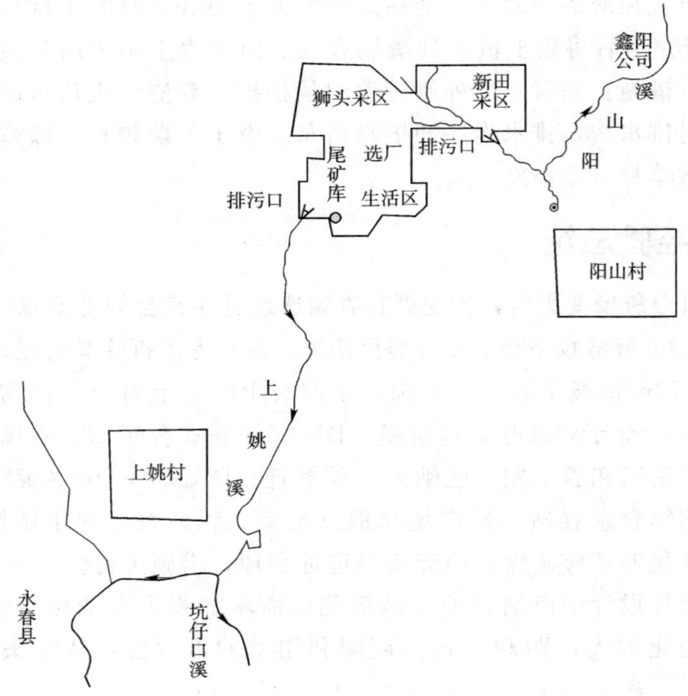

图 7-10 矿区周边关系

山峰多为尖峰，山坡陡峭，河谷深切呈 V 形谷地貌。项目区总体地势北高南低、中部高东西低。最高点海拔 1228.3m，最低点海拔 910m，均位于新田矿区，相对高差 318.3m，地形坡度 25°～45°，狮头矿区地形中部高，四周低，呈一陡峭山峰，山顶最高海拔 1050m 以上，地形坡度 30°～50°。

矿区及附近出露主要地层为上古生界石炭系下统林地组和二迭系下统栖霞组、文笔山组、加福组。在沟谷、缓坡处为残坡积层及第四系冲积物所覆盖。主体构造为东西向阳山短轴背斜和新华夏系构造的叠加。新田矿段内地层岩性复杂，由层状岩类、可溶岩类、块状岩类组成，均属于坚硬、半坚硬工程地质岩组；矿体顶板矽卡岩、硅质层破碎、富水性中等，易产生掉块、冒顶、垮塌等不良地质问题；矿床工程地质条件为中等类型，属可溶盐岩类矿床。

德化县境内山地土壤以红壤为主，占林业用地面积的 83.8%；黄壤次之，占林业用地面的 16%；紫色土和潮土零星分布，仅占林业用地的 0.2%。土层普遍深厚，有机质含量较高，含水量适宜，质地疏松，理化性状好，肥力较高。美湖乡土壤类型有黄泥土、白土质、沙质土、灰泥土、潮沙土、青泥土、冷烂土等七个土类，其中最大比例的为黄泥土，最少为沙质土。

7.4.1.2 气象水文条件

美湖乡境内溪涧交错，溪流分属闽江和晋江两大水系，北部部分溪涧经阳山溪汇入小尤溪，最终汇入闽江，南部经双溪汇入晋江支流西溪上游坑仔口溪。阳山溪及双溪均属于山地性溪流，短小湍急，落差大。双溪发源于德化县阳山村境内，一路纳多条小溪，于永春县上姚村附近双溪口汇入上姚溪。上姚溪向南流 500m 后汇入永春县坑仔口溪。坑仔口溪流域面积 290km^2，河长 20km。阳山溪发源于阳山村境内。

德化县年平均气温 18.7℃，最冷月 1 月平均气温 8.9℃，最低气温 −6.2℃，常有霜冻、时有降雪；最热月 7 月，平均气温 27～29℃，最高气温 36.6℃；无霜期 270d，年平均日照 1802.4h，无霜期年平均 270d 左右。

德化县雨量充沛，为福建省多雨区之一，年平均降水量 1789.0mm，春雨季（3—4 月），平均雨量 310mm，占全年降水量的 17.3%；梅雨季（5—6 月），平均雨量 557mm，占全年降水量的 31.1%；台风雷阵雨季（7—9 月），平均降水量 650mm，占全年降水量的 36.3%；少雨季（10 月至次年 2 月），平均降水量 272mm，占全年降水量的 15.2%。年平均蒸发量 1521mm，一般 5—10 月蒸发量较大，其中 7 月蒸发量最大，11 月至次年 4 月蒸发量较小，其中 2 月蒸发量最小，仅 58mm。

美湖乡境内低山、丘陵起伏，全乡气候温和，雨量充沛，年平均温度 16℃，年降雨量 1700～1800mm。矿区处平均降水量 1748.4mm，年最大降水量 2485.7mm，日最大降水量 208.8mm，连续三日降水强度 310.7mm，历年日平均最大 24h 降雨量 140mm，暴雨递减系数 0.7。

7.4.2 尾矿库设计

最初尾矿库设计为 4 类等级库，洪水设计标准为 30 年一遇，50 年校核。尾矿库基本坝坝顶标高 850m，坝高 14m，坝顶宽 3.5m，坝内外坡比为 1∶2.5。基本坝体为均质亚黏土结构。坝外坡排渗棱体顶面标高 840m，内外坡比为 1∶1.5。堆积子坝坝高 2m，顶宽 1.5m，外坡比 1∶2，内坡比 1∶2.5。钢筋混凝土排水涵洞长 500m，过水断面尺寸宽 1.8m，高 1.6m，泄洪流量 17.54m^3/s，最大流速 6.1m/s。排水斜槽为双格钢筋混凝土结构，断面尺寸宽1.8m，高1.6m，长90m，采用活动钢筋混凝土盖板，盖板随尾矿沉积层增高，沿斜槽后部逐步加盖封密，控制尾矿浆在库内澄清水位。连接井为圆形钢筋混凝土结构，井径为3m，井高度为4m，共计5座。消力池一座，为毛石浆砌结构。

1998年对尾矿库进行增加库容技改，由原880m堆积坝终期标高继续利用尾矿进行填筑子坝，终期标高为889m，增加5级堆积坝，增加库容量36万m^3。标高880～888m尾矿堆积坝每级高度2m，坝顶面宽2m，内外坡比1∶2.5。标高889m终极堆积坝用均质亚黏土填筑，坝高为1m。在尾矿库北西向山坡新修一条截水明沟与原截水明沟相接。

2007年再次扩容后尾矿库堆积坝仍采用上游式水力冲积法筑坝，堆积坝终期标高891m，总外坡比控制在1∶4.0。为降低坝体浸润线，在堆积坝885.0m标高处坝体内设置一排垂直于坝轴线的纵向排渗管，排渗管水平间距10m，口径为DN100mm，长度40m。为防止雨水直接冲刷新增堆积坝下游坡面，在下游面与两岸山坡结合处设置截水沟与原截水沟相连，左侧坝肩截水沟尺寸为0.7m×0.6m，右侧坝肩截水沟尺寸0.4m×0.5m，同时在885.0m标高处设置断面尺寸0.3m×0.4m的排水沟，排除下游坡面雨水和堆积坝内渗水。新的排水沟由钢筋混凝土排水斜槽—圆形流转井—排水涵洞—排水隧洞—消力池等组成。排水斜槽为钢筋混凝土结构，断面尺寸宽0.9m，高1.8m，全长52m，设置活动钢筋混凝土盖板。排水涵洞为钢筋混凝土结构，断面尺寸为宽0.9m，高1.8m，设计过水流量19.53m^3/s。排水隧洞全长480m，洞底坡度0.0156，设计排水流量19.7m^3/s。最大流速6.42m/s。消力池为毛石浆砌结构，长、宽、高分别为6m、4m、1.2m。图7－11为尾矿库实景图。

图7－11 尾矿库实景图

7.4.3 尾矿库防治措施

尾矿库坝体经1998年扩容后总坝高29.1m，有效库容129万m^3，随着生产的继续，为了解决尾矿库之后的尾矿安全堆存问题，实施了扩容改造方案，同时采取废水利用、植被措施，保证了尾矿库的环境效益。

1. 扩容改造措施

原尾矿坝主体为块石干砌石坝，内坡面铺均质亚黏土，毛石与亚黏土接触面之间设有反滤层，坝肩与山坡交线处设有截水沟，尾矿库初期坝外坡面未发现变形、断裂与沉陷、渗漏等迹象，坝体保持稳定。利用沉积在坝前的粗犀矿粒进行堆筑，每级堆积子坝高度2m，顶宽2m，内外坡比1∶2.5，往上游逐级加高。再次扩容后设计终期标高为891m，新增堆坝高度2.2m，增加库容约20万m^3，总外坡比1∶4.0，尾矿库堆积坝高为43.2m。在885m高度处设一条宽5m的马道，总外坡比控制在1∶4.0。

采用瑞典圆弧法进行尾矿坝稳定安全系数测算，测算结果现有尾矿坝抗滑稳定系数为$K_{min}=1.35$，满足选矿厂尾矿设施设计规范规定的三等别库正常运营时坝坡抗滑稳定最小安全系数$K_{min}=1.20$、洪水运行$K_{min}=1.10$及特殊运行$K_{min}=1.05$的要求，尾矿坝的稳定有保证。

为防止雨水直接冲刷新增堆积坝下游边坡，在下游面与两岸山坡结合处设置截水沟与原截水沟相连，左侧坝肩截水沟宽0.7m，高0.6m，右侧坝肩截水沟宽0.4m，高0.5m，同时在标高885.0m处设置宽0.3m，高0.4m的排水沟，排除下游坡面雨水和堆积坝内渗水。

由于1993年以来尾矿库区周边地下存在开采石灰石矿活动，使得地下水水位下降，引起地表错动塌陷，造成尾矿库排水构筑物存在不同程度的变形、裂缝及沉陷等问题，降低结构强度承载力，影响尾矿库的正常使用。并且随着尾矿堆积坝增高及库区基底存在可能的继续下沉，将会诱发尾矿库排水涵洞的坍塌事故，危及尾矿库的使用和下游安全。因此，针对上述存在的问题，阳山铁矿采取了整改措施。设立观测点，加固排水涵洞，编制应急预案，设计将原排水构筑物系统封堵，建设新的排水构筑物。新的排水系统由钢筋砼排水斜槽—圆形流转井—排水涵洞—排水隧洞—消力池等组成。

2. 废水利用

尾矿库接收生产中排放的全部废水，通过闭库蓄水澄清后大部分循环使用，库内水成为工业用水的主要来源，用作选矿、洗矿用水，循环利用率达到95%以上，小部分排放双溪（上姚溪支流），通过检测站对尾矿库外排废水进行检测，能够达到排放要求。对尾矿库废水资源的循环利用，大大减少了水资源的流失，避免含大量重金属元素废水对周围环境的影响。

3. 植物措施

尾矿库外坡已采用种植黑麦草等进行护坡，本工程铁矿伴生杂质主要为硫、锌等，相对来说毒性较小，仍需制定植物措施对尾矿库闭库后土地进行复垦，可根据需要铺覆表土后恢复为农业用地，也可直接种植一些耐旱、生命力强的植物复垦为林业用地。堆积子坝及植被情况如图7-12所示。

图7-12 堆积子坝及植被情况

尾矿库由于长期堆存尾矿砂存在物理结构不良、持水保肥能力差，极端贫瘠，N、P、K及有机质含量极低，干旱或过高盐分易引起的生理干旱，松散易流动，存在风扬及表面温度过高现象。为提高植被的存活率和水土保持能力，在复垦过程采用表土覆盖。复垦利用原表土，因为其中含有本地植物的种子库，考虑本项目表土堆放时间过长，养分损失较高，在覆土过程中同时选择采用一些含较高有机质的无害废料，如污泥、堆肥、泥炭土、牲畜粪便、生活垃圾等与覆土混合或直接覆盖，覆土厚度40cm，覆土面积9.20hm^2。

根据生态学要求和水土保持要求选择树种和草种，根据尾矿库区的特有土地条件，在满足水土保持和区域绿化等要求的基础上，考虑采用多种绿化树、草种进行群体配置；植物品种应具有适应性强、发达的根系、耐贫瘠、较强的抗旱能力、改良土壤理化性状能力等，能够起到防治水土流失的作用。选择草种、树种如下：

树种：构树、马占相思，马尾松等作为矿区植被恢复的乔木树种；采用2kg袋容器苗，苗龄在2～3年，苗高100～150cm。灌木树种选择胡枝子、紫穗槐、木豆等，采用1kg袋容器苗，苗龄在2～3年，丛高70～130cm。

草种：选择铁芒萁、五节芒、香根草、狗尾草、黑麦草作为主要草种。

7.4.4 经验总结

尾矿库工程作为矿业三大控制性工程之一，其安全性影响着矿山的正常运营和项目的经济效益，毋庸置疑需充分重视，但是在越来越重视生态环境效益的今天，尾矿库会对周边环境造成的影响，同样不能忽视。通过本案例，可以得出一些减少尾矿库对环境影响的重要经验。

(1) 尾矿库应避免直接排放到周边环境中，避免任何形式的泄露。首先确保拦挡坝达到安全标准，同时保证排水构筑物系统安全运营。

(2) 尾矿库特有的尾矿水会对环境造成严重危害，需采取适当的措施对矿尾水进行回收循环利用，保护环境的同时，也产生了经济效益。

(3) 尾矿中含有矿产伴生杂质，具有一定毒性，尾矿库闭库后需采取相应植被措施对未能处理的尾矿或是土地进行复垦。